Mohamed Abdel-Raheem
Nada Abdulameer Obeid

A tamareira e as pragas de insectos

Mohamed Abdel-Raheem
Nada Abdulameer Obeid

A tamareira e as pragas de insectos

ScienciaScripts

Imprint

Cover image: www.ingimage.com

This book is a translation from the original published under ISBN 978-3-659-86983-9.

Publisher:
Sciencia Scripts
is a trademark of
Dodo Books Indian Ocean Ltd. and OmniScriptum S.R.L publishing group

120 High Road, East Finchley, London, N2 9ED, United Kingdom
Str. Armeneasca 28/1, office 1, Chisinau MD-2012, Republic of Moldova, Europe
Printed at: see last page
ISBN: 978-620-8-36034-4

A tamareira e as pragas de insectos

Por

Prof. Dr. Mohamed Abdel-Raheem

Prof. Dr. Nada Abdulameer Obeid

(2024)

A tamareira e as pragas de insectos

Prof. Dr. Mohamed Abdel-Raheem Ali Abdel-Raheem

Professor de Controlo Biológico

do Departamento de Pragas e Proteção das Plantas

do Instituto de Investigação Agrícola e Biológica

do

Centro Nacional de Investigação.

33rd ElBohouth St., Dokki, Cairo, Egito.

Correio eletrónico:

abdelraheem_nrc@hotmail.com,

abdelraheem_nrc@yahoo.com

Telemóvel: (+2) 01155527583 - (+2) 01009580797

Dr. Nada Abdulameer Obeid

Departamento de Horticultura e Paisagismo,

produção de tamareiras, Escola Superior de

Agricultura,

Universidade

de Basrah

, Iraque.

Correio eletrónico: drnadaalmahdy@gmail.com

Telemóvel: (+964)7801105009

Índice

Introdução

A família das tamareiras *(Phoenix dactylifera* L.): Arecaceae é uma das mais antigas culturas frutícolas cultivadas nas regiões áridas da Península Arábica, Norte de África e Médio Oriente. A área de origem mais provável da tamareira é o atual Iraque, mas a cultura da tâmara espalhou-se por muitos países desde a antiguidade.

As tâmaras são uma importante fonte de alimento e de rendimento para as populações locais do Médio Oriente e do Norte de África e desempenham um papel importante na economia, na sociedade e no ambiente destas regiões. Para além de servirem diretamente como fonte de alimento, as tâmaras são embaladas e transformadas de várias formas, e outras partes da árvore são utilizadas para vários fins.

A tamareira é uma planta diploide, perene, dióica e monocotiledónea adaptada a ambientes áridos. Tem caraterísticas biológicas e de desenvolvimento únicas que requerem técnicas especiais de propagação, cultura e gestão. Existem milhares de cultivares e selecções de tamareiras em diferentes países produtores de tâmaras. Foram utilizados diferentes sistemas de marcadores genéticos para estudar as relações genéticas entre as cultivares de tamareira.

O longo ciclo de vida, o longo período de juvenilidade e o dioecismo das tamareiras tornam a reprodução um desafio. A produção mundial de tâmaras aumentou de 1 809 091 t em 1962 para 6 924 975 t em 2005. A produção mundial de tâmaras continuará a crescer, especialmente no Médio Oriente, apesar dos desafios actuais e futuros.

O Iraque é um dos países mais antigos do mundo a cultivar tamareiras. Os antigos iraquianos dedicaram grande atenção ao cultivo da tamareira e à preservação desta árvore abençoada, uma vez que o seu cultivo se espalhou no Vale do Tigre e do Eufrates há mais de quatro mil anos a.C., como demonstram os livros e as escavações encontradas, sendo o melhor exemplo a Estela de Hammurabi e as leis nela promulgadas relativas às palmeiras, pelo que é conhecida como a Árvore da Vida ou a árvore dotada e como fonte de bênçãos e bondade. Os antigos gregos notaram a cor vermelha escura das tâmaras e chamaram-lhe Fénix, que significa vermelho para os gregos. Foi mencionada na Torá, na Bíblia e no Alcorão, nos hadiths, nos provérbios árabes e na sua poesia.

A tamareira *(Phoenix dactylifera* L.) é, desde há muito, uma das culturas frutícolas mais importantes nas regiões áridas da Península Arábica, do Norte de África e do Médio Oriente. Durante os últimos três séculos, as tâmaras foram também introduzidas em novas áreas de produção na Austrália, Índia/Paquistão, México, África Austral, América do Sul e Estados Unidos. As tâmaras são uma das principais fontes de rendimento e um alimento básico para as populações locais em muitos países onde são cultivadas, tendo desempenhado um papel significativo na economia, na sociedade e no ambiente desses países.

A tâmara é uma das mais antigas culturas de frutos conhecidas e tem sido cultivada no Norte de África e no Médio Oriente há pelo menos 5000 anos (Zohary e Hopf, 2000). O registo mais antigo do Iraque (Mesopotâmia) mostra que a cultura da tâmara foi provavelmente estabelecida já em 3000 A.C. Devido à longa história da cultura da tâmara e à ampla distribuição e troca de cultivares de tâmaras, a origem exacta da tâmara é desconhecida, mas é muito provável que tenha tido origem na antiga área da Mesopotâmia (sul do Iraque) ou na Índia ocidental (Wrigley, 1995). A partir do seu centro de origem, a cultura da tâmara espalhou-se pela Península Arábica, pelo Norte de África e pelo Médio Oriente. Aparentemente, a cultura da tâmara tinha-se espalhado pelo Egito em meados do segundo milénio antes de CRISTO. A disseminação do cultivo da tâmara acompanhou mais tarde a expansão do Islão e chegou ao sul de Espanha e ao Paquistão. Os espanhóis foram os primeiros a introduzir as tamareiras fora da Península Arábica, do Norte de África e do Médio Oriente/Sul da Ásia, transportando-as para a América (Nixon, 1951).

A cultura da tâmara teve uma influência muito importante na história do Médio Oriente. Sem as tâmaras, não teria sido possível sustentar uma grande população humana nas regiões desérticas. As rotas das caravanas existiram durante séculos principalmente para o transporte de tâmaras. Desde cedo, o cultivo de tâmaras tornou-se um símbolo sagrado de fecundidade e fertilidade. As tâmaras tinham um grande significado espiritual e cultural para os povos do Médio Oriente. As tamareiras e a cultura são descritas em antigas tábuas assírias e babilónicas, incluindo o famoso Código de Hamurabi, que continha leis relativas à cultura e venda de tâmaras. Também se encontram referências a tamareiras em escritos antigos egípcios, sírios, líbios e palestinianos (Nixon, 1951; Popenoe, 1973).

As tamareiras podem crescer em climas muito quentes e secos e são relativamente tolerantes a solos salgados e alcalinos. As tamareiras requerem um verão longo e intensamente quente, com pouca chuva e humidade muito baixa durante o período que vai da polinização à colheita, mas com água subterrânea abundante perto da superfície ou irrigação. Um velho ditado descreve a tamareira como crescendo com "os pés na água e a cabeça no fogo". Estas condições encontram-se nos oásis e wadis do centro de origem da tamareira, no Médio Oriente. As tamareiras podem crescer a uma temperatura média de 12,7 a 27,5 °C, suportando até 50 °C e períodos curtos de geada a temperaturas tão baixas como -5 °C. A temperatura ideal para o crescimento da tamareira, durante o período que vai da polinização à maturação dos frutos, varia entre 21 e 27 °C de temperatura média. As tâmaras são amplamente cultivadas nas regiões áridas entre 15°N e 35°N, desde Marrocos, a oeste, até à Índia, a leste (Zaid e de Wet, 2002a). A produção mundial de tâmaras aumentou de 1.809.091 t em 1962 para

6.924.975 t em 2005 (Organização das Nações Unidas para a Alimentação e a Agricultura, 2006).

Os 10 principais países produtores de tâmaras em 2005 foram o Egito, a Arábia Saudita, o Irão, os Emirados Árabes Unidos (EAU), o Paquistão, a Argélia, o Sudão, Omã, a Jamahiriya Árabe Líbia e a Tunísia. Os cinco principais países exportadores de tâmaras em 2004 foram o Irão, o Paquistão, os EAU, a Arábia Saudita e a Tunísia. Os cinco principais países importadores de tâmaras em 2004 foram a Índia, o Paquistão, o Iémen, Marrocos e os EAU. Os Estados Unidos (Califórnia e Arizona) produziram 16.500 t de tâmaras em 2005 e exportaram 4202 t (10º lugar a nível mundial). Os Estados Unidos também importaram 5584 t de tâmaras em 2004. Tal como acontece com muitos frutos produzidos na Califórnia, a qualidade das tâmaras é elevada e confere uma vantagem em termos de preço para as exportações. O volume relativamente elevado de tâmaras importadas é muito provavelmente sob a forma de produtos transformados.

A maior produção de tâmaras encontra-se no Egito, onde a produção aumentou de 439 539 t em 1982 para 1 170 000 t em 2005 (16,9% da produção mundial). Nos Emirados Árabes Unidos, havia cerca de 1,5 milhões de tamareiras que produziam 8400 t quando o país foi fundado em 1971. Este número aumentou mais de 90 vezes, para um número estimado de 18 milhões de tamareiras que produziam 760 000 t em 2005. Atualmente, os EAU têm a maior instalação de cultura de tecidos de tâmaras (TC), onde são produzidas anualmente mais de 100 000 tâmaras TC, porque a produção de rebentos não consegue acompanhar a procura de novas árvores para plantar (Date Palm Tissue Culture Laboratory, 2006).

A tamareira é uma planta diploide ($2n = 2x = 36$), perene e monocotiledónea pertencente à família Palmaceae (Barrow, 1998). O nome da tamareira tem origem no seu fruto; "phoenix" do grego significa púrpura ou vermelho (fruto), e "dactylifera" refere-se ao aspeto em forma de dedo do cacho do fruto. A tamareira é dióica, o que significa que tem árvores femininas e masculinas separadas. Ao longo dos anos, houve vários relatos de árvores hermafroditas que se desenvolveram, ou árvores masculinas que desenvolveram caraterísticas femininas (Sudhersan e Abo El-Nil, 1999). As inflorescências de árvores femininas e masculinas diferem em morfologia (Nixon e Carpenter, 1978; Swingle, 1904; Vandercook et al., 1980). Ambas estão envolvidas por uma cobertura dura e fibrosa (a espata) que protege as flores do calor e da luz solar durante a fase inicial do desenvolvimento da flor.

As tâmaras florescem quando a temperatura à sombra aumenta para mais de 18 °C, e formam frutos quando a temperatura é superior a 25 °C (Zaid e de Wet, 2002a). As flores (e mais tarde os frutos nas árvores femininas) nascem num pedúnculo ou ráquis achatado e afunilado, vulgarmente conhecido como "pedúnculo do fruto" nas árvores femininas. A inflorescência é constituída por muitas ráquilas não ramificadas, conhecidas como "fios", dispostas em espiral na ráquis. As flores femininas e masculinas têm geralmente três sépalas e três pétalas. As flores masculinas são geralmente de cor branca cerosa e as femininas são geralmente de cor verde amarelada. Pouco antes da floração, a inflorescência surge no eixo das folhas, empurrando através das bainhas, e as bainhas racham longitudinalmente na antese. Apenas a parte da ráquila que dá flores fica exposta. Cinquenta a 60 d após a antese, o pedúnculo do fruto alonga-se e empurra para fora a parte da inflorescência que não produz flores, atingindo um comprimento de 60 a 120 cm. O fruto desenvolve-se normalmente após a fecundação de um dos três carpelos de cada flor pistilada. A queda natural dos frutos ocorre 25 a 35 d após a rachadura da espata, e algumas cultivares têm uma segunda queda de frutos cerca de 100 d após a rachadura da espata (às vezes referida como "queda de junho") (Reuveni, 1986).

A taxa de crescimento e o desenvolvimento dos frutos com sementes seguem uma curva de crescimento sigmoide. O fruto da tâmara passa por quatro fases distintas de maturação. Estes quatro estádios são normalmente designados por termos derivados do árabe iraquiano como "Kimri", "Khalal" (por vezes referido como "Bisr"), "Rutab" e "Tamar" para representar o verde imaturo, o maduro colorido, o castanho macio e o duro tipo uva passa, respetivamente (Reuveni, 1986). Durante o estádio Kimri, os frutos aumentam rapidamente de tamanho e de peso até ao estádio Khalal. A cor do fruto muda de verde durante o Kimri para uma cor caraterística da cultivar durante o Khalal. Os frutos permanecem túrgidos e adstringentes durante o Khalal e contêm uma quantidade substancial de taninos solúveis em água. Durante o estádio Khalal, a taxa de aumento de tamanho e peso diminui ligeiramente e os frutos atingem o tamanho e peso máximos. Os frutos no estádio Rutab caracterizam-se por um escurecimento da casca para âmbar, castanho ou quase preto, acompanhado de amolecimento, diminuição da adstringência e aumento dos taninos insolúveis. Durante o estádio Tamar, os frutos perdem grande parte da sua água e a relação açúcar/água é suficientemente elevada para evitar a fermentação, semelhante à das passas de uva ou ameixas secas. O teor de água é de 75% a 80% nos frutos jovens, diminuindo para 40% a 60% no início da maturação e diminuindo rapidamente mais tarde. O teor de açúcares é de cerca de 20% de matéria seca durante o início do Kimri, aumentando de forma constante para 50% de matéria seca no início do Khalal, e depois acumulando-se a um ritmo mais rápido até atingir 72% a 88% de matéria seca na maturação (Reuveni, 1986).

O tamanho e a forma dos frutos da tâmara variam consoante a cultivar, a cultura e o ambiente. A tamareira média produz 40 kg de frutos por ano, sendo possível obter rendimentos superiores a 100 kg com uma gestão intensiva. Quando cultivadas com baixos níveis de insumos e de gestão, as tamareiras podem produzir 20 kg de frutos ou menos por ano. As plantas fêmeas começam a produzir tâmaras entre os 4 e os 6 anos de idade e atingem a produção plena entre os 15 e os 20 anos (Nixon e Carpenter, 1978).

O Iraque possui as maiores áreas plantadas com palmeiras do mundo, com mais de 600 variedades agrícolas espalhadas pelo país. Algumas variedades distinguem-se pela sua importância comercial e produção abundante, pelo que desempenham um papel importante na economia nacional, para além da sua grande importância nutricional. A importância das palmeiras não se limita apenas à sua produção de tâmaras, mas também ao papel desempenhado pelos palmeirais na melhoria do ambiente, uma vez que constituem o coberto superior de proteção das árvores de fruto nas regiões central e meridional do Iraque. Até há pouco tempo, o Iraque estava na vanguarda do comércio mundial de tâmaras no que respeita a diversas variedades de tâmaras, tais como Zahdi, Halawi, Sayer, Khadrawi, Barim, Jabjab e outras.

Apesar destas indicações, o processo de produção ficou completamente paralisado para investir esta riqueza nacional de uma forma óptima para desenvolver os campos de produção, fabrico e comercialização. Este declínio afectou igualmente o número de palmeiras, a deterioração dos preços das tâmaras e os danos sofridos em consequência das guerras, da escassez de água e da elevada taxa de salinidade, especialmente nos pomares da região sul, e do contrabando de boas variedades para fora do país, bem como da migração de um grande número de produtores para esta e outras profissões, o que fez com que o Iraque se encontrasse atualmente num nível inferior entre os países exportadores de tâmaras, depois de ter sido o primeiro produtor mundial.

Casa original

A tamareira é ainda desconhecida e há muitas opiniões sobre o seu habitat, que é considerado uma das árvores de fruto mais antigas. Decandol acredita que o habitat das palmeiras são as zonas quentes que se estendem da

África Ocidental até à bacia do rio Indo, entre as linhas 15 e 30 a norte do equador. A partir destas zonas, as palmeiras espalharam-se para a Índia e depois para o Extremo Oriente.

Há opiniões, como a de O. Beccari, que afirmam que a região do Golfo Arábico é o local original de origem da palmeira e de onde se deslocou para a Babilónia (Iraque). Outros dizem também que Al-Ahsa é a terra natal das palmeiras.

A cultura da palma é muito antiga e remonta a mais de dez mil anos. Os árabes introduziram a cultura da palma na Andaluzia nos séculos VII e VIII d.C. Na América do Norte e do Sul, a cultura da palma foi introduzida no final do século XVIII d.C. e, no final do século XIX, o seu cultivo foi introduzido nos Estados Unidos através de mudas que foram transferidas do Iraque, Irão, Tunísia e Argélia.

A região do Golfo Arábico é a maior área de palmeiras do mundo e as palmeiras são consideradas árvores de fruto importantes.

Os países mais importantes para o cultivo da palma são o Iraque, a Arábia Saudita, o Irão, o Egito, a Argélia, Marrocos e o Paquistão. Estes países produzem mais de 80% da produção mundial. A palmeira é também cultivada no Sudão, na Líbia, na Tunísia e nos Estados Unidos da América.

As tamareiras são de grande importância económica nas zonas desérticas onde são amplamente cultivadas. Desde a antiguidade que as tâmaras são consideradas um dos géneros alimentícios mais importantes nas zonas desérticas da Ásia Ocidental e do Norte de África.

As tâmaras foram e continuam a ser uma das fontes alimentares mais importantes na Península Arábica devido ao seu elevado valor nutritivo. As tâmaras são consideradas um alimento completo, um alimento saudável e um concentrado natural.

As tâmaras distinguem-se de muitos alimentos porque contêm nutrientes que são benéficos para o ser humano. Os frutos contêm 70,6% de água 1,9% de proteínas 5,5% de substâncias oleosas 1,2% de sais minerais 13,8% de hidratos de carbono 10% de resíduos. Contêm também muitas vitaminas, sendo as mais importantes as vitaminas A, B1, B2 e vitamina C. Quanto às sementes, contêm 9,2% de água 23% de hidratos de carbono 8,5% de substâncias oleosas 5,4% de proteínas 23% de fibras.

Considera-se que o miolo é um bom alimento para os animais e tem um forte efeito na reprodução devido ao seu efeito hormonal. As tâmaras são consumidas frescas durante a época de maturação ou secas ou conservadas durante o resto do ano. Os frutos são utilizados para fazer compotas, doces, tartes e biscoitos. Extrai-se melaço e açúcar, bem como vinagre e álcool medicinal. Das sementes extrai-se o óleo. As palmeiras são utilizadas no fabrico de cadeiras, mesas e outros tipos de mobiliário. Foram efectuados vários estudos e experiências para extrair diferentes tipos de celulose para utilização na indústria do papel.

Vantagens das datas

1. Fortalece e ajuda o músculo do útero a trabalhar durante o parto.
2. Uma fonte de energia, uma vez que contém uma elevada percentagem de frutose.
3. Ajuda a curar a cegueira nocturna, pois contém vitamina A.
4. Traz tranquilidade e calma aos órgãos tensos e às almas ansiosas.
5. Ajuda a fortalecer os músculos, pois contém vitamina B1.
6. Ajuda a curar as lesões do fígado, pois contém vitamina B2.
7. Nutrição das células nervosas e ajuda na atividade sexual, pois contém fósforo.
8. Estimulante do apetite
9. Tratamento para quem sofre de anemia e de intestino preguiçoso.
10. É útil em casos de anemia, uma vez que contém uma elevada percentagem de ferro.

Descrição botânica

A tamareira é uma árvore perene com um tronco cilíndrico, lenhoso e não ramificado, de 10 a 20 m de comprimento, coberto de fibras que crescem a partir da base das folhas e que envolvem o tronco para o proteger de factores externos. O tronco cresce anualmente a uma altura de 20 a 30 cm. As raízes são abundantes e saem da base do tronco e atingem um comprimento de 12 a 20 m, algumas das quais se encontram acima da superfície do solo a uma altura de 25-35 cm. As raízes suportam a imersão em água, pois não se estragam nem apodrecem. As folhas (frondes) são compostas pinadas, e cada folheto é chamado de fronde. O comprimento de uma folha adulta varia de 3 a 5 m. O seu crescimento varia em função das condições ambientais, como a humidade, a temperatura e os nutrientes. A folha é composta por uma forte nervura central que carrega folíolos (frondes) em ambos os lados. Os folíolos são recobertos por uma camada de células espessas e contêm poros afundados. Os folíolos basais transformam-se em algo semelhante a espinhos.

Fig. (1): Descrição botânica da tamareira

Cada árvore produz entre 8 a 12 folhas por ano e a folha vive entre 4 a 7 anos, depois amarelece, murcha e fica pendurada no caule, mas não cai e permanece até ser retirada pelo agricultor.

A tamareira é dióica e a inflorescência é uma espádice ramificada com um grande número de espigas ligadas a um eixo carnudo e situa-se no interior de uma cobertura dura que é a espata, que se divide quando as flores amadurecem.

As flores têm 25 a 100 espiguetas com um comprimento de 6 a 36 polegadas e existem cerca de 8.000 a 10.000 flores na inflorescência feminina. As flores femininas têm 6 estilos radiais, 3 carpelos compactos, 3 pétalas e 3 sépalas bem unidas, sendo visível apenas o ápice bifurcado. As flores aparecem muito espaçadas nas hastes e são quase redondas em forma de massas coriáceas, cada uma com um estigma e o ápice das pétalas ligeiramente visível no ápice. A flor masculina tem 6 estilos rodeados por pétalas cerosas, semelhantes a escamas, e cada flor tem 3 sépalas. A floração ocorre no início da primavera.

O fruto é a baga e o fruto da palmeira é a tamareira, que é macia e tenra porque a camada interna da sua parede não é lenhosa. O fruto tem três camadas: uma camada exterior fina, uma camada intermédia carnuda e uma membrana fina que envolve a semente. Quando o fruto amadurece, a camada exterior seca e cola-se à camada intermédia carnuda. Nalgumas variedades, a casca é fácil de separar. A semente é grande e o seu peso médio é de 5 a 20% do peso do fruto. Cada fruto contém uma semente com um endosperma córneo que ocupa a maior parte do espaço da semente, enquanto o embrião ocupa uma parte muito pequena. A imaginação começa nas flores quando as mudas têm 4-5 anos de idade, e a colheita é comercial quando elas têm 6-8 anos de idade.

Fig. (2): As flores da tamareira amadurecem

Factores ambientais que afectam a produção de palma e as operações de serviços agrícolas

Temperatura

A palmeira é uma árvore que adora temperaturas elevadas, mas ao mesmo tempo tolera temperaturas baixas até -10 e temperaturas elevadas até mais de 50 graus Se as palmeiras crescem em temperaturas diferentes, não florescem se a temperatura média anual for inferior a 18 graus e precisam de uma temperatura elevada para que os frutos amadureçam

As variedades moles (não aptas para a embalagem) necessitam de temperaturas médias superiores a 27 graus durante o período de maturação dos frutos.

As variedades secas e semi-secas requerem uma temperatura média superior a 32 graus. O número total de unidades térmicas de que os frutos necessitam para amadurecer varia consoante a variedade e situa-se entre maio e outubro. Para as variedades suaves, é cerca de metade do que as variedades secas necessitam. A partir daqui, vemos a grande diferença de necessidades térmicas entre as variedades suaves e as variedades secas. É necessário escolher a variedade a plantar numa determinada zona em função das condições térmicas dessa zona.

Assim, as palmeiras crescem em (diferentes climas, mas só florescem em climas onde a temperatura à sombra é de pelo menos 18 m, e os frutos só amadurecem se a temperatura for superior a 25 m. A temperatura ideal para as palmeiras é considerada de 32 a 38 m.

O efeito de diferentes temperaturas pode ser discutido da seguinte forma

Temperaturas elevadas

1. Para que as tâmaras amadureçam, é necessário acumular um certo número de temperaturas (calculadas de uma forma especial), pelo que as variedades cultivadas nas diferentes regiões são diferentes.

2. A germinação do pólen aumenta com o aumento da temperatura de 7,5 a 33 C e diminui significativamente a 43 C.

3. A qualidade dos frutos diminui se estes forem expostos a períodos de temperaturas elevadas e de baixa humidade relativa, especialmente nos últimos períodos de crescimento dos frutos.

Baixas temperaturas

As palmeiras são afectadas pelas baixas temperaturas. A palmeira tolera as geadas até certo ponto, se a exposição for de curta duração, e a quantidade de danos causados por esta exposição varia de acordo com o seguinte

1. A variedade
2. A idade da palmeira (a quantidade de impacto diminui com a idade)
3. A velocidade da diminuição e do aumento da temperatura
4. A extensão da diminuição da temperatura
5. Esta diminuição é gradual ou súbita?
6. O estado fisiológico das árvores, quanto maior for a quantidade de nutrientes armazenados pelas árvores, menor será o efeito quando expostas à geada.

Humidade relativa

As palmeiras são afectadas pela humidade relativa do ar e, em geral, as árvores crescem bem em condições de humidade elevada, mas a maturação dos frutos requer uma atmosfera muito seca e os melhores frutos formam-se em zonas secas e quentes.

A humidade do ar elevada provoca a infeção dos frutos com doenças fúngicas como o khamej (podridão dos cachos masculinos), o acabamento e o escurecimento da parte superior (no caso dos frutos nas fases de kumri e bisr).

A chuva afecta negativamente a produção de palma, pelo que se a chuva cair imediatamente após o processo de polinização, o processo de polinização tem de ser repetido novamente. Se a chuva cair durante a maturação dos frutos, o processo de maturação é atrasado e a qualidade dos frutos diminui.

Por isso, os melhores frutos formam-se em zonas que não recebem chuva durante o período de polinização e maturação dos frutos e, em alguns países, as palmeiras são cobertas com sacos para as proteger da chuva.

Ventos

Os ventos podem causar danos em alguns dos seguintes casos

1. Palmeiras velhas ou com todos os rebentos arrancados
2. Danos no processo de polinização
3. Danos na forma dos frutos
4. Os ventos quentes e secos aumentam a percentagem de frutos secos

Luz

A falta de luz ou de sombreamento conduz a um fraco rendimento das culturas e a uma má qualidade

Solo

As palmeiras crescem em vários tipos de solo, mas o melhor é o solo fértil e bem drenado, como o solo argiloso formado por sedimentos de inundação. As palmeiras também crescem em solos arenosos e frutificam mais rapidamente, mas o seu crescimento e frutificação em solos argilosos é muito melhor. As palmeiras toleram uma salinidade elevada.

Fertilização

As palmeiras precisam de fertilizante, cuja quantidade depende do tipo de solo e da idade das árvores. A palmeira precisa de cerca de 20-50 de adubo orgânico, consoante a sua idade, quer espalhando-o no solo e virando-o, quer colocando-o num buraco de um dos lados da árvore, a cerca de um metro de distância e a 30 a 40 cm de profundidade, enterrando-o em seguida.

Também é fertilizado com uma quantidade de 3-5 kg de fertilizante de azoto e fósforo para cada árvore em dois lotes antes da floração e após a frutificação.

Irrigação

O sucesso da cultura da palmeira depende em grande medida da quantidade de água que lhe é fornecida. A irrigação das palmeiras varia de acordo com a sua idade, tipo de solo e clima. As palmeiras novas são irrigadas a cada 2-3 dias em solos arenosos e a cada 4-5 dias em solos amarelos. Após a formação das raízes, são regadas duas vezes por semana em solos arenosos e uma vez em solos amarelos. Alguns agricultores regam as plântulas diariamente durante os primeiros quarenta dias de plantação, com uma taxa de 1-2 latas de água. O solo à volta das novas plântulas deve ser mantido húmido, mas a humidade não deve aumentar demasiado para que as raízes não sufoquem.

Reprodução

As palmeiras são propagadas por sementes (núcleos) ou por rebentos. As sementes são a base da propagação das palmeiras, razão pela qual aparecem diferentes tipos de palmeiras. Este método não é bom porque as caraterísticas da planta resultante diferem das caraterísticas da mãe e é chamada de burla, desconhecida ou raal. Cada cem sementes dão de 42 a 56% de árvores macho e o resto são árvores fêmea. As árvores macho começam a florir a partir do quarto ano, enquanto as árvores fêmea florescem a partir do sétimo ano.

O método ideal para a propagação da palmeira é através de rebentos, que são ramos laterais curtos que crescem a partir dos botões laterais à volta das bases das árvores-mãe. Os rebentos são separados para serem plantados no viveiro depois de terem completado o seu crescimento e atingido a idade apropriada. Uma palmeira tem entre 10-25 rebentos. Quando o número de rebentos à volta da árvore-mãe é grande, é necessário desbastá-los de modo a que fiquem espaçados uns dos outros para aumentar o seu tamanho e dar raízes, assim como para que a árvore-mãe cresça bem.

Condições que devem ser satisfeitas na plântula

1. Não deve ter menos de dois anos de idade, sendo preferível que tenha 3-4 anos
2. Deve ter um sistema radicular, porque a taxa de sucesso das plântulas sem raízes é muito baixa
3. As plântulas devem estar maduras e cheias de alimento, e o seu diâmetro deve ser de 20-35 cm
4. A superfície de separação deve ser plana e limpa para que as plântulas não apodreçam
5. A poda não deve ser excessiva e deve estar isenta de doenças
6. É preferível para as plântulas colhidas em terras de sequeiro porque têm raízes mais abundantes e são mais bem sucedidas do que as colhidas em terras de regadio
7. Deve ser de tamanho médio (10-15 kg)

Polinização nas palmeiras

A palmeira é uma árvore monóica dióica, o que significa que as árvores macho estão numa planta e as árvores fêmea noutra. O período de infância das tamareiras varia consoante a variedade, o solo e o método de reprodução. Em geral,

1. O período de infância das plantas de propagação urbana é de 3-6 anos
2. O período de infância das plantas propagadas por sementes é de cerca de 10 anos
3. A infância das palmeiras plantadas em solos fracos é mais curta do que a das palmeiras plantadas em solos fortes

A polinização das palmeiras pode ser feita pelo vento, mas para isso é necessário que metade das árvores da plantação sejam palmeiras masculinas, pelo que o sucesso da cultura depende do processo de polinização (entrega do pólen às flores femininas) que ocorre em tempo ensolarado, não nublado, não chuvoso e em dias com baixa humidade do ar e sem nevoeiro.

O método utilizado na polinização consiste em colocar vários tufos de flores masculinas no interior da conduta feminina, alguns dos quais são atados durante um certo número de dias e outros não, consoante o tipo de palmeira, ou o pólen é espalhado num pedaço de algodão.

Preparação do pólen

Quando o rebento masculino está maduro, é cortado e dividido, sendo as anteras extraídas e estendidas para secar num local afastado do sol e de fortes correntes de ar durante 1 a 2 dias para abrir as anteras.

É preferível utilizar os grãos de pólen produzidos na mesma estação, pois a sua vitalidade é superior à dos grãos armazenados e velhos, mas as circunstâncias podem exigir a utilização de grãos de pólen armazenados para polinizar variedades precoces de palmeiras fêmeas. É possível conservar os grãos de pólen sem perder a sua vitalidade durante um ano, no máximo.

Para realizar o processo de polinização, as anteras masculinas são sacudidas das flores femininas abertas, depois são colocadas quatro ou mais anteras no meio de cada cacho (onde as anteras masculinas são colocadas numa posição oposta à direção das anteras femininas) e depois atadas (o número de anteras masculinas utilizadas varia consoante a variedade). Na região oriental, nas variedades Khalas e Khunaizi, o pescoço é envolvido com fibra de palmeira.

Este procedimento leva a um aumento da percentagem de frutificação devido às seguintes razões:

1. Aumento da temperatura nas plantas em 2-5 m
2. Aumentar a humidade relativa à volta das flores para que o estigma se mantenha em boas condições durante mais tempo
3. O ensacamento reduz a queda de frutos e pode evitar a infestação de

insectos

Efeito secundário do pólen (efeito do pólen nas caraterísticas do fruto)

Nas tamareiras, existe um fenómeno chamado Metaxinia, em que o pólen tem um efeito direto nas caraterísticas do fruto. Verificou-se que a fonte de pólen pode afetar a data de maturação do fruto, a cor do fruto, a forma do fruto, o teor de açúcar e o teor de fibra. Este efeito não é hereditário e deve-se a razões fisiológicas. Por conseguinte, é necessário prestar atenção ao teste dos machos utilizados, uma vez que o pólen afecta o endosperma e as suas caraterísticas, e este efeito é conhecido como Xenia. Neste caso, o efeito do pólen na composição genética é direto (uma vez que o endosperma contém 3N cromossomas, incluindo 2N da mãe e N do grão de pólen.

Seleção dos mais bem sucedidos

Na palmeira macho devem estar disponíveis os seguintes elementos

1. A maturidade do pólen deve ser compatível com a época de floração das fêmeas ou precedê-la ligeiramente
2. Compatibilidade entre o pólen e as fêmeas
3. Proporcionar vitalidade ao pólen
4. Produzir um grande número de mangas
5. Fornecer pólen com um bom efeito sobre as qualidades dos frutos das fêmeas

Está provado que o pólen da palmeira macho tem um efeito sobre as qualidades dos frutos das fêmeas, e este fenómeno é chamado (metazinia), uma vez que os frutos são afectados de acordo com o tipo de macho utilizado para o seu pólen.

Duração da receção do pólen pela flor

Os estigmas das flores femininas permanecem válidos para a polinização durante 3-4 dias após a divisão das anteras femininas na maioria das variedades.

Este período pode prolongar-se de 8 a 10 dias nalgumas variedades, podendo atingir os 15 dias. No entanto, a polinização não deve ser atrasada para além de 4 a 5 dias após a divisão das anteras femininas, de modo a obter a maior quantidade de frutos.

Número de homens necessários

Os machos diferem no número de inflorescências, no número de inflorescências dentro da inflorescência e na quantidade de pólen nas inflorescências. Geralmente, uma inflorescência feminina requer 5 inflorescências masculinas. Uma inflorescência masculina contém, em média, 180 inflorescências. Assumindo que cada palmeira macho contém 10 inflorescências, o número de inflorescências na palmeira é 10 x 180 = 1800 inflorescências. Se o número de inflorescências femininas que são polinizadas por um macho é 1800/5 = 10 inflorescências, e visto que o número médio de inflorescências que uma árvore feminina tem é de 10 inflorescências, então o número de árvores femininas que podem ser polinizadas por um macho é 360/10 = 36 árvores, e geralmente usa-se um macho para cada 25 fêmeas.

Operações de serviços agrícolas

Desbaste de frutos

O desbaste de frutos é efectuado nas variedades de preço elevado e de qualidade superior com o objetivo de

1. Aumentar o peso e o tamanho dos frutos e melhorar as suas qualidades
2. Maturação precoce e uniforme
3. Regulação da carga e equilíbrio do crescimento vegetativo e frutífero

O desbaste é efectuado por um dos seguintes métodos:

Remoção completa de alguns cachos de modo a que fiquem 8-12 cachos na palmeira, dependendo da força da palmeira e do número de folhas verdes.

2- Encurtando as inflorescências no colo ou retirando algumas inflorescências do meio da inflorescência, ou ambos. O método utilizado depende da variedade e da humidade relativa da região.

3- Desbaste dos frutos numa fase avançada (fase avançada do Kamari), o que é feito nas variedades Halwa e Maktoumi em Medina, ambas isentas de substâncias adstringentes.

No processo de desbaste devem ser tidos em conta os seguintes aspectos

1. Faça-o ao mesmo tempo para obter frutos semelhantes
2. Os frutos das espigas exteriores são maiores do que os frutos das espigas interiores, pelo que é preferível retirar as espigas interiores
3. Nas variedades com espigas longas, é preferível retirar um terço do comprimento das espigas ou fazer este desbaste para além de retirar as espigas do meio do cacho

No processo de desbaste devem ser tidos em conta os seguintes aspectos

1. Faça-o ao mesmo tempo para obter frutos semelhantes
2. Os frutos das espigas exteriores são maiores do que os frutos das espigas interiores, pelo que é preferível retirar as espigas interiores
3. Nas variedades com espigas longas, é preferível retirar um terço do comprimento das espigas ou fazer este desbaste para além de retirar as espigas do meio do cacho

Dobrar ou pendurar as folhas de palmeira

Após a polinização e a fecundação, o tamanho dos frutos aumenta rapidamente, pelo que as frondes das palmeiras devem ser penduradas antes que os seus caules endureçam e se partam.

Se for deixado sozinho, é difícil colher os frutos, pelo que se recomenda juntar as frondes e pendurá-las, depois dobrar suavemente as frondes e atá-las às frondes adjacentes.

As razões importantes para realizar este processo são:

1. Evitar que a fronde se entrelace com as folhas e os ramos das palmeiras para não arranhar os frutos e facilitar o processo de recolha e colheita.

2. Evita que a fronde se parta se o peso do cacho aumentar significativamente.

3. Melhorar a exposição dos frutos à luz, o que melhora a sua coloração

Dobrar ou pendurar as folhas de palmeira

Após a polinização e a fecundação, o tamanho dos frutos aumenta rapidamente, pelo que as frondes das palmeiras devem ser penduradas antes que os seus caules endureçam e se partam.

Se for deixado sozinho, é difícil colher os frutos, pelo que se recomenda juntar as frondes e pendurá-las, depois dobrar suavemente as frondes e atá-las às frondes adjacentes.

Fig. (3): Tamareira

Este processo é efectuado no início da fase Khalal para obter vários benefícios, nomeadamente

Evitar que os cachos caiam no chão e fiquem expostos à poeira e à poluição da areia, bem como reduzir o número de trabalhadores necessários para recolher a colheita

2. Redução da exposição a insectos e aves

3. Em áreas onde a seca e o calor são severos com ventos, este procedimento aumenta a qualidade dos frutos resultantes

Fig. (4): o processo é efectuado no início da fase Khalal

Poda

Retirar as frondes e aparar as folhas

Curling

Remoção das bases das frondes com as fibras que as intersectam Estabelecimento de explorações de palmeiras.

As plântulas são plantadas nos viveiros preparados para o efeito, em covas de 50 x 50 x 50 cm e a uma distância de 2 m entre si. Depois de retiradas do viveiro, são plantadas nas terras permanentes a uma distância de 10 x 10 m se forem plantadas árvores de fruto entre si ou a uma distância de 8 x 8 m se forem plantadas forragens ou legumes entre si.

Entre as árvores femininas são plantadas algumas árvores masculinas de boa qualidade, conhecidas pela qualidade do seu pólen, para polinizar as fêmeas, numa proporção de 5-6 árvores masculinas por cada 100 árvores femininas

Fases de crescimento dos frutos de tâmara

Após o vingamento, os frutos passam por diferentes fases até estarem completamente crescidos e maduros. São elas:

1- A primeira fase é designada por Hobabook. Esta fase começa pouco depois da polinização e dura 4 a 5 semanas. O fruto tem uma forma redonda.

2- A segunda fase chama-se Kimri. Nesta fase, o fruto cresce e alonga-se. O crescimento durante esta fase é rápido. O sabor dos frutos nesta fase é adstringente, exceto nas variedades doces de Madinah, e dura de 8 a 12 semanas

3- A terceira fase é designada por Khalal e caracteriza-se por um aumento de peso lento

Durante este período, a acumulação de açúcar aumenta e o sabor torna-se doce, mas acompanhado de um sabor adstringente

Por vezes, esta fase dura de 3 a 5 semanas (esta fase é designada por in

Al-Ahsa, Al-Khobar e Najd Bisr e em Hijaz Zahw

4- O quarto estádio é o Rutab e a maturação começa a partir da parte superior do fruto no prazo de 24 semanas a contar do fim do estádio anterior e, em algumas variedades secas e semi-secas, não chega a acontecer passar por esta fase

5- A quinta fase é a das tâmaras Tamar, em que se perde água e os frutos ficam semi-secos ou secos, consoante a variedade

Variedades de tamareiras no Reino

Existem muitas variedades de tâmaras no Reino da Arábia Saudita e diz-se que há cerca de quatrocentas variedades. As novas variedades na região oriental são as Khalas, Khunaizi e Razizi. Na região central e em Qassim, as variedades Nabut Saif, Barhi, Shaqra, Sakri, Salj, Manifi, Maskani, Saq'i e Khadri. As regiões ocidental e meridional contam com Al-Barni, Al-Rabi'a, Halwat Al-Madinah e Ruthana.

Panorama da realidade da cultura da palma e da produção de tâmaras no Iraque:

Os dados históricos indicam que o cultivo de palmeiras no Iraque se encontrava generalizado e em grande escala nas regiões central e meridional do país, e os dados do recenseamento efectuado no Iraque em 1952 d.C. revelam que o número total de palmeiras excedia 32 milhões de palmeiras, sendo o número de palmeiras frutíferas superior a 31,5 milhões de palmeiras, enquanto a produção total atingia 410 mil toneladas, a uma taxa de 20 kg/palma para a variedade Barhi.

O número de palmeiras no Iraque em 1968 d.C. - a produtividade atingiu 12, com cerca de 29,9 milhões de palmeiras, enquanto a produção atingiu 380 mil toneladas, e a deterioração continuou de forma muito significativa durante os anos setenta e oitenta, de modo que o número de palmeiras atingiu menos de 16 milhões de palmeiras, enquanto a produção atingiu 488 mil toneladas a uma taxa de produtividade de 33,3 kg/palma no ano de 1989 d.C.

A razão para tal deve-se aos danos da guerra, à escassez de água, à elevada salinidade, especialmente nos pomares da região sul, ao contrabando de boas variedades, à migração de um grande número de produtores para esta profissão, à grande negligência nas operações agrícolas e de serviços, para além da deterioração dos preços das tâmaras, da falta de serviços de comercialização e exportação para as tâmaras produzidas, da debilidade técnica e tecnológica das operações de prensagem e fabrico de tâmaras, da perda de armazéns regulares e refrigerados, bem como da confusão e perturbação de todo o sistema de comercialização deste produto, para além da propagação de doenças e insectos. As causas da deterioração que afectou fortemente a preparação e a produção de tâmaras podem ser diagnosticadas do seguinte modo

- Negligência e falta de cuidado com as palmeiras, e falta de cuidado na realização das operações agrícolas (adubação, controlo de pragas, irrigação, organização, etc.), quer devido à escassez de mão de obra, quer devido às capacidades limitadas dos agricultores produtores devido aos elevados custos destas operações.

- Seguiu-se a fragilidade das medidas de apoio aos produtores e da política de preços, o que afectou negativamente a rentabilidade das palmeiras, que deixou de ser compensadora para os agricultores e produtores, o que os levou a abandonar e a negligenciar os palmeirais e a optar por culturas agrícolas mais rentáveis ou a trabalhar como operários em fábricas e usinas para assegurar as suas necessidades de subsistência.

- Escassez de água de rega e elevada salinidade, sobretudo nas regiões meridionais, e ausência, perturbação ou interrupção do funcionamento dos canais de drenagem (drenos), bem como a não utilização de rega regulada (sistemas de rega gota a gota).

- As catástrofes provocadas pelas guerras que levaram à destruição de grandes áreas de palmeirais, especialmente nas zonas do Shatt al-Arab, que são as mais densamente povoadas de palmeiras, e os efeitos negativos da guerra após 2003 d.C.

E a destruição de infra-estruturas, a cessação de programas de serviços e a queima de grandes áreas de pomares. - A maioria das explorações de palmeiras é de pequena dimensão, o que reduz as oportunidades de beneficiar de métodos de produção modernos, especialmente a utilização da mecanização agrícola nos domínios da irrigação, fertilização, controlo de pragas, polinização, colheita, etc.

Estudos e estatísticas indicam que a produção mundial atingiu 7 milhões de toneladas em 2005. A produção de tâmaras no Iraque diminuiu globalmente para cerca de 404 mil toneladas, representando 9,7% da produção global. Assim, o Iraque ocupou o quinto lugar na produção mundial de tâmaras, após o Egito com 17,5%, a Arábia Saudita com 13,2%, o Irão com 13,2% e os Emirados Árabes Unidos com 11,4%. Em 2007, o Iraque ocupou o sétimo lugar a nível mundial, com um volume de produção de cerca de 400 mil toneladas, representando 6% da produção mundial.

Superfícies de palmeirais, número de trabalhadores e variedades de tâmaras mais importantes:

Mais de 130 mil proprietários de pomares e suas famílias trabalham neste sector, para além de cerca de 250 mil trabalhadores durante o período de polinização, colheita e comercialização, sendo de notar que a maioria dos palmeirais se caracteriza pela pequena área da unidade de produção e pela sua fragmentação, uma vez que a área média é de 3 dunares. Há também um grande número de pomares de palmeiras e citrinos - um pomar tem 2,5 dunas, ou palmeiras e pomares de folha caduca que são plantados com o objetivo de proteger várias árvores de fruto ou outras culturas das altas temperaturas e condições ambientais.

Existem dois padrões predominantes para a plantação de palmeiras no Iraque: os pomares especializados em palmeiras constituem 41,1% (com 128 árvores por pomar), enquanto os pomares mistos (palmeiras e frutos) constituem 40% (do total de pomares, com 700 árvores por dunum e uma área média de 6,5 dunums por pomar). (Um dunam no Iraque equivale a 2500 m2, ou seja, um quarto de hectare)

As tâmaras iraquianas distinguem-se pelas suas numerosas variedades, pois Abdul Jabbar Al-Bakr descreveu no seu livro publicado em 1972 cerca de 629 variedades, para além de um grande número de variedades não descritas, todas elas diferentes em termos das caraterísticas do fruto e da árvore. Seguem-se os nomes das variedades comerciais importantes no Iraque e difundidas em várias regiões de cultivo de palmeiras: Zahdi - Khastawi - Halawi - Khadrawi Basra - Khadrawi Bagdade (Mandali) - Sayer (Ustazt Omran) - Breim - Barhi - Maktoum - Dairi - Ashrsi - Tabarzul - Jabjab - Khiyara - Sukkari - Shukr - Shuwaithi Asfar - Shuwaithi Ahmar - Qintar - Matook - Mir Haj - Barban - Hasawi - Badmi (Dakel) - Qitaz - Nahir Al-Sulay - Bidriya - Khasab - Umm Al- Balaleez - Ashqar. As mais importantes são Al-Zahdi - Al-Khastawi - Al-Halawi - Al-Khadhrawi - Al-Sayer, cuja produção constitui cerca de 80% da produção total de variedades de tâmaras iraquianas.

Existem variedades masculinas conhecidas, selecionadas e descritas, nomeadamente o Ghanami vermelho, o Ghanami verde, o Khakri rosa, o Khakri normal, o Khakri de sésamo, o Khakri kritli, o ghulami e o rasasi. As diferentes regiões do Iraque distinguem-se pela presença de variedades próprias de cada uma delas, uma vez que as variedades Sayer, Halawi, Khadrawi, Jabjab, Dairi, Shuwaithi, Barhi, Barim e Khasab estão disseminadas na região sul e as variedades Zahidi, Khastawi, Barban e Tabarzul encontram-se na região centro. As variedades Ashrasi, Jawzi e Mirhaj encontram-se nas regiões fronteiriças orientais e existem outras variedades, como a Umm Al-Balaleez, na zona de Ain Tamr, em Karbala, e as variedades Al-Khalouki, Al- Khiyara, Al-Mubkar e Tabrazul Kabis são consideradas entre as melhores tâmaras da região ocidental do Iraque, e a província de Diyala é famosa pelas variedades Abdali, Al-Makawi e Al-Qaytaz, e nas províncias de Muthanna e Dhi Qar são famosas as variedades Al-Shuwaithi, Al-Rumaitha e Al-Qintar.

Factores ambientais que afectam a cultura da palmeira:

Os factores do ambiente agrícola (ecologia) e as condições naturais prevalecentes, como o clima, o solo, a superfície terrestre, a chuva, a temperatura, os ventos e outros factores, afectam o cultivo e a disseminação da cultura da palma no Iraque. É de notar que estes factores naturais estão quase integrados ou se complementam mutuamente e que a cultura da palma não pode ser difundida sem que todos ou a maior parte deles estejam disponíveis, como se segue:

Primeiro: Clima:

As palmeiras crescem e dão frutos num clima com temperaturas elevadas e baixa humidade e chuva durante o período de frutificação, desde a polinização até ao amadurecimento dos frutos, mas espalham-se por vastas áreas e climas variados sem produzirem bons frutos adequados ao consumo humano, sendo então consideradas uma árvore ornamental. A latitude de 35° é considerada o limite norte da cultura da palmeira, que se encontra disseminada nas regiões central e sul do Iraque.

1- **Temperatura:**

A temperatura de início do crescimento vegetativo (crescimento das frondes) (9,4 °C) e da floração (18 °C). Quanto mais elevada for a temperatura no final do inverno, mais precoce será a floração e a maturação dos frutos. A temperatura média para as variedades precoces de palma, no período de fevereiro a fim de outubro, é de (21,1 °C) para atingir a fase húmida, para as variedades de maturação média (23,9 °C) e para as variedades de maturação tardia (27,7 °C).

As unidades térmicas totais durante o período de frutificação (acima de 18 °C) são utilizadas para distinguir o sucesso de uma determinada variedade numa determinada área. As palmeiras toleram flutuações de temperatura de (-15 °C) a (51,6 °C) e ocorrem danos significativos se descerem até (-6,7 °C). As variedades variam em termos de tolerância, como se segue, por ordem ascendente: Halawi, Breem, Maktoum, Green, Qantar, Deir, Barhi, Sayer, Khestawi, Ashrasi, Zahdi.

2- **Chuva:**

O processo de produção de tâmaras requer uma atmosfera livre de chuva durante o período de crescimento e maturação dos frutos. A chuva afecta o processo de polinização se ocorrer 6 horas antes da realização do processo. A polinização deve ser repetida. A chuva também provoca defeitos, como os fenómenos de acabamento e escurecimento da cauda durante as fases de maturação dos frutos, e provoca o apodrecimento e a acidificação dos frutos.

3- **Luz:**

A palmeira precisa de luz solar direta porque as suas frondes não desempenham bem a função de fazer comida em locais com sombra, mesmo nas zonas mais quentes.

4- **Ventos:**

A palmeira resiste aos fortes furacões porque tem um tronco forte e flexível, fixado no solo com raízes densas, pelo que é utilizada nos oásis para proteger as culturas subterrâneas. Os ventos fortes provocam manchas negras nos frutos, devido à colisão com as frondes, e também provocam uma diminuição da qualidade dos frutos devido à sua contaminação com areia ou à secagem de parte do fruto devido a ventos secos, como acontece com o fenómeno Abu Khashim nos frutos da variedade Halawi.

Segundo: Solo e salinidade:

As palmeiras crescem em diferentes tipos de solo, mas os melhores são os solos profundos, bem drenados e mistos. As margens dos rios são consideradas excelentes para o crescimento das palmeiras. Altos níveis de salinidade no solo e na água de irrigação levam a palmeiras fracas, vida reduzida das frondes e baixa produção de frutos.

Processos agrícolas utilizados na cultura da palmeira:

Primeiro: Estabelecimento de palmeirais:

Os locais são selecionados para estabelecer palmeirais perto de vias de transporte e fontes de água.

São selecionadas as variedades adequadas à região, sendo plantados 4% de machos de boa qualidade. Quanto às distâncias de plantação, estas dependem da qualidade do solo e da abundância dos seus elementos nutritivos.

As distâncias são encurtadas em solos não ricos em elementos nutritivos e nos quais o crescimento é fraco devido à propagação da salinidade ou à falta de água de rega. A distância de plantação adequada é de 10 (metros. × 10)

Segundo: Irrigação:

As palmeiras necessitam de grandes quantidades de água de irrigação, estimadas em cerca de (175) metros cúbicos por ano para a palmeira, e a necessidade aumenta antes e durante o período de crescimento e desenvolvimento dos frutos que são compatíveis com o clima quente e mesmo após a colheita, a fim de formar novas flores (novo pólen), e a palmeira tolera a sede em grande medida.

Quanto aos métodos de irrigação, estes são efectuados por irrigação de superfície a partir dos rios Tigre e Eufrates e Shatt al-Arab e outros rios, para além da utilização de águas subterrâneas através da escavação de poços artesianos em algumas zonas desérticas e, recentemente, a irrigação por gotejamento tem sido utilizada de forma limitada, especialmente em estações de palmeiras.

Terceiro: Fertilização:

Uma única palmeira necessita anualmente para formar frondes e outras partes verdes (exceto o tronco) e raízes (e produzir 45 kg de tâmaras) aproximadamente 600 g de azoto, 420 g de fósforo e 225 g de potássio. A palmeira responde muito bem aos fertilizantes azotados 3 kg de azoto por ano para uma palmeira adulta em - em solo leve, e 2 a maioria dos tipos de solo podem ser determinados.

5- A fertilização é efectuada na região sul das palmeiras com adubos animais (orgânicos) de 4 em 4 300 (kg/palmeira no outono, enquanto que noutras zonas onde a cultura intercalar de árvores de fruto é abundante, a fertilização é efectuada anualmente com adubos orgânicos e químicos para estas árvores, beneficiando a palmeira de forma acessória.

Quarto: Propagação da palmeira: As palmeiras podem ser propagadas das seguintes formas:

1- **Reprodução sexuada (por sementes - núcleos):** É um dos métodos mais fáceis de propagação devido à disponibilidade contínua de sementes e à falta de necessidade de requisitos complexos para a sua aplicação. Recorre-se a este método quando há necessidade urgente de novas variedades ou de cultivo em zonas marginais, ou devido à falta de mudas ou para fins industriais e outros, observando-se que o produto das fêmeas não é idêntico à palmeira-mãe.
2- **Reprodução assexuada ou vegetativa (plântulas):** As plântulas são o método atualmente aprovado para a propagação das palmeiras, porque são idênticas à palmeira-mãe.
3- **Propagação por cultura de tecidos:** Este é um método moderno de propagação e é realizado através da plantação da ponta de crescimento ou gemas axilares da palmeira ou do rebento ou dos rebentos aéreos (brotação), sendo plantados em meios nutritivos artificiais e incitando estes rebentos a multiplicarem-se e a formarem plantas idênticas à palmeira-mãe. Entre as vantagens deste método está a obtenção de um grande número de rebentos num período de tempo mais curto do que

o método de propagação vegetativa, para além do facto de estes rebentos estarem livres de agentes patogénicos. Atualmente, existem laboratórios que trabalham no âmbito da investigação para produzir uma série de variedades iraquianas.

Operações de manutenção de palmeiras:

Trata-se de um conjunto de operações necessárias e essenciais ao serviço das palmeiras, cuja não realização afecta a produtividade das palmeiras, sendo a maioria delas realizadas manualmente pelos produtores ou trabalhadores agrícolas. Estas operações são economicamente onerosas e contribuem para aumentar os custos de produção das tâmaras preparadas para a comercialização interna e externa, e incluem a poda, a polinização, a estabilização ou enforcamento, o desbaste, a colheita e a transferência do produto. Segue-se uma breve descrição destas operações:

Primeiro: A poda:

As operações incluem o corte das frondes, a remoção dos espinhos, a remoção das bases das frondes (alfarroba), a poda e a remoção dos corcéis. A poda é uma operação de serviço importante para facilitar o processo de ascensão do agricultor para realizar o processo de polinização ou colheita, pois ao realizá-la ajuda a reduzir a incidência de insectos nocivos.

Esta operação é efectuada no inverno e na primavera.

Segundo: Polinização:

É uma das operações necessárias mais importantes efectuadas nos palmeirais, para obter uma boa produção de tâmaras, e como as palmeiras são dióicas, os grãos de pólen devem ser transferidos das árvores masculinas para o pólen das árvores femininas para completar a fecundação. A data de polinização varia de acordo com as condições climáticas e durante os meses de fevereiro a abril. A polinização é efectuada manualmente ou mecanicamente através de dispositivos automáticos simples.

Terceiro: Empilhados ou pendurados:

É o processo de arrancar os cachos e pendurá-los e distribuí-los regularmente no cimo da palmeira antes que os seus cachos (o pedúnculo do cacho) endureçam, ou de amarrar os cachos pesados aos pedúnculos das frondes próximas ou de colocar cada cacho numa fronde. O enforcamento, por sua vez, é efectuado no início da maturação e depois de os cachos estarem em condições de serem transportados sem se partirem. As vantagens do enforcamento incluem a redução da queda dos frutos maduros e a limpeza dos cachos de frutos podres, de palha e de poeira.

Quarto: desbaste:

O processo de desbaste ajuda a equilibrar o rendimento da palmeira e a sua capacidade de produção. Os seus benefícios incluem o aumento do tamanho dos frutos, a melhoria da sua qualidade, a maturação precoce, o aumento da ventilação dos frutos e a redução das hipóteses de flutuação. O desbaste é feito reduzindo o número de cachos ou reduzindo o número de flores ou frutos de cada cacho.

Quinto: Colheita:

É um dos processos importantes em que as tâmaras são colhidas nas fases de Khalal e Rutab individualmente, ou seja, cada fruto é colhido separadamente ou cortando todo o cacho de acordo com as necessidades do mercado e as diferenças entre as variedades. As variedades diferem na data de maturação e, por conseguinte, na colheita, em função das condições climáticas. As zonas secas necessitam de um período de maturação mais curto do que as outras. As tâmaras completamente maduras dividem-se, de acordo com a sua consistência, em tâmaras líquidas, que são consumidas apenas frescas, tâmaras moles, que são consumidas frescas ou como tâmaras e são adequadas para prensagem, e que, se deixadas na palmeira, secam, e finalmente tâmaras secas, que são consumidas no estado de cana (secas), o que facilita a sua conservação e transporte em várias embalagens. O processo de colheita exige um grande cuidado na recolha e manuseamento. Sexto: Transporte do produto: É o processo de transporte das tâmaras do pomar para o centro de receção ou para os mercados grossistas. Este processo é efectuado sem embalagem (cheio) em veículos de transporte ou em caixas de plástico ou sacos grandes (25 kg), especialmente para a variedade Zahdi, uma vez que são preparadas para exportação após serem esterilizadas (capacidade) 20 e limpas. Quanto às tâmaras frescas, são transportadas do pomar para os mercados grossistas em cestos de (5 kg - ramos de árvores ou frondes de palmeiras) ou são comercializadas em caixas de cartão (capacidade) 2 para efeitos de conservação no frio.

Pragas agrícolas que afectam as palmeiras e as tâmaras:

As palmeiras e as tâmaras são afectadas por um grande número de pragas agrícolas (insectos e doenças) que requerem um controlo químico, quer por controlo terrestre quer por controlo aéreo, para reduzir os danos e as perdas económicas. A infestação pelas seguintes pragas inclui:

Ommatissus binotatus lybicus Bergevin

Ephestia kuehniella zall

Broca do caule da palmeira Jebusaea hammerschmidti

Reicha (=Pseudophilus testaceus)

(Coleoptera, Cerambycidae)

Oryctes elegans Prell (Coleoptera, Scara baeidae)

(Parlatoria blanchardii (Targ.) (Coccidae)

Ephestia cautella

Oligonychus=(Paratetranychus))

afrasiaticus Mcgreger

Mauginiella scaettae Cav

Thielaviopsis paradoxa (De Seyn.) Hohn

Formas de aumentar o número de palmeiras e de desenvolver a produção de tâmaras:

Esta riqueza nacional e nacional está exposta a muitas condições ambientais e naturais e a catástrofes bélicas, para além da fraqueza da política agrícola orientada para o desenvolvimento e para a deterioração do número de palmeiras, que pode ser resumida nas seguintes razões mais importantes

1- Negligência e falta de cuidado com as palmeiras, e falta de cuidado na realização de operações agrícolas (fertilização, controlo de pragas, irrigação regular, etc.) e operações de serviço necessárias (polinização, poda, estabilização, etc.), quer devido à escassez de trabalhadores formados, quer devido às capacidades limitadas dos agricultores e produtores, devido aos elevados custos destas operações.

2- Seguiram-se deficiências nos procedimentos de apoio e na política de preços, o que afectou negativamente os rendimentos das palmeiras, que deixaram de ser compensadores para os agricultores e produtores, o que levou os agricultores a abandonarem e a negligenciarem o cultivo da palma e a virarem-se para culturas agrícolas mais rentáveis, ou a trabalharem em fábricas e usinas para assegurarem as suas necessidades de subsistência.

3- Escassez de água de rega e elevada salinidade, sobretudo nas regiões do sul, ausência ou rutura de drenos e não utilização de métodos de rega normalizados (gota-a-gota).

4- Desastres de guerras que levaram à destruição de grandes áreas de palmeirais, especialmente as áreas de Shatt al-Arab, que são as mais densamente povoadas com palmeiras, e os efeitos negativos da guerra de 2003, que acompanharam a destruição de infra-estruturas, a cessação de programas de serviços e a queima de grandes áreas de palmeirais.

5- A maioria das explorações agrícolas de palmeiras é de pequena dimensão, o que abre oportunidades para beneficiar de métodos de produção modernos, especialmente a utilização de maquinaria agrícola no domínio da fertilização, controlo, polinização, etc.

A fim de melhorar a realidade da deterioração das palmeiras, o Ministério da Agricultura criou a Autoridade Geral 2005 para levar a cabo as tarefas de desenvolvimento e propagação das palmeiras, de acordo com a Ordem Ministerial n.º (275), em várias zonas do Iraque adequadas para o seu cultivo e utilizando tecnologias e recomendações científicas agrícolas, e aplicando e implementando um grupo de projectos produtivos e de aconselhamento, de forma a reduzir o aumento do número e da produção de palmeiras nos próximos anos, que são os seguintes

A realidade do date marketing e as formas de desenvolvimento

Datas Marketing:

O marketing é uma função do movimento e do desenvolvimento da sociedade, uma vez que ocupa um lugar de destaque em várias doutrinas económicas. Atualmente, os problemas de marketing estão entre os temas económicos mais importantes devido à sua ligação direta e indireta com todas as actividades económicas e sociais da economia nacional.

O progresso económico de qualquer sector de produção depende do grau de desenvolvimento da produção e do progresso das actividades de comercialização no mesmo, e a comercialização contribui para acrescentar benefícios formais, espaciais e temporais ou de propriedade à produção, tornando-a mais valiosa. A comercialização permite que os indivíduos satisfaçam os seus vários desejos, fornecendo-lhes os bens que desejam obter.

As funções e os serviços de comercialização de tâmaras podem ser divididos teoricamente em três grupos: funções de troca, que incluem as funções de compra e venda, funções materiais, como a recolha, a armazenagem, o transporte, o fabrico, a embalagem, e funções auxiliares, incluindo a triagem, a classificação, a assunção de riscos e a informação e a investigação de mercado.

Para esclarecer a descrição das funções do processo de comercialização de datas comerciais atualmente, as suas fases podem ser abordadas da seguinte forma:

Primeiro: O processo de colheita:

O processo inclui o corte dos cachos das palmeiras, após a conclusão do processo de amadurecimento das tâmaras, sendo colocadas esteiras ou tapetes de nylon debaixo da palmeira e os cachos previamente cortados são baixados e colocados em cima das esteiras e tapetes. É efectuado o processo de purificação das tâmaras e a triagem das tâmaras forrageiras, que inclui a palha, os frutos verdes e as tâmaras estragadas, onde são comercializadas e vendidas para alimentação animal, enquanto as tâmaras boas e de primeira qualidade são comercializadas para os lagares.

Segundo: O processo de transporte:

São utilizados os meios de transporte disponíveis, tais como camiões pequenos e grandes, carroças, etc., uma vez que as tâmaras são comercializadas e transportadas para as prensas dos sectores privado e misto, ou são efectuados os processos de fabrico destas tâmaras e são comercializadas fora do país por terra, mar e, por vezes, por ar.

De acordo com o pedido do importador, aqui devemos ter em atenção os processos de acondicionamento e organização das embalagens durante o transporte, de forma a preservar as datas e as suas especificações.

Terceiro: Processo de armazenamento:

Quando as tâmaras são comercializadas para as prensas, são armazenadas em armazéns regulares antes dos processos de fabrico, e a fumigação é efectuada durante o armazenamento destas tâmaras para eliminar os insectos, o que é feito nos meses frios, enquanto nos meses quentes, as tâmaras fabricadas e não transformadas são armazenadas em armazéns refrigerados, a fim de preservar as especificações das tâmaras. Deve notar-se que mais de 80% (das tâmaras são vendidas durante o mês sagrado do Ramadão nos países islâmicos, o que requer uma capacidade de armazenamento suficiente para armazenar estas quantidades em armazéns refrigerados de épocas anteriores e libertá-las no momento adequado e mediante pedido.

Quarto: Embalagem:

Este processo é um dos principais elos que desempenham um papel importante na comercialização das tâmaras e na sua venda a preços relativamente elevados, após estudo do gosto do consumidor e acompanhando a evolução dos materiais de embalagem e das máquinas disponíveis para o efeito.

As embalagens utilizadas evoluíram durante o período anterior de acordo com o país para o qual as tâmaras são exportadas, depois de as tâmaras terem sido embaladas em vime ou lata (estanho) e sacos (juta e polipropileno) e as caixas de madeira antes da Segunda Guerra Mundial terem sido melhoradas para embalagens pequenas e grandes que se adequam ao gosto dos consumidores europeus e americanos, especialmente quando a empresa britânica (Androir) monopolizou as tâmaras Sayer, Halawi, Khadrawi e Zahdi, a fim de obter rendimentos elevados.

Quinto: Publicidade e propaganda:

Existem duas fases principais na história do Iraque em que foram efectuadas a publicidade e a propaganda das tâmaras produzidas. A primeira foi nos anos cinquenta do século passado, quando a produção e a prensagem eram efectuadas por empresas estrangeiras. A segunda foi nos anos setenta, quando o Estado exportou tâmaras para vários países, como a (antiga) União Soviética e a China, incentivando os exportadores a seguirem o método de troca de tâmaras e apoiando as tâmaras através do Fundo de Apoio à Exportação da altura.

Sexto: Compra e venda:

Este processo é frequentemente efectuado através da garantia da produção, em que é acordada a venda da produção antes ou depois do processo de polinização e a uma taxa acordada entre o proprietário e o fiador, uma vez que o fiador efectua as operações de serviço subsequentes para obter a produção e comercializá-la nos mercados locais. O outro método consiste em que o próprio agricultor efectua todas as operações de serviço e de venda da forma que considera mais adequada para si, comercializando frequentemente o produto nos mercados locais (mercados grossistas ou superiores ou lojas de venda a retalho), e a compra e venda realiza-se diariamente de uma forma primitiva e pouco visível, que não é adequada para consumo.

A tamareira

A tamareira, cientificamente designada por *Phoenix dactylifera*, é uma das mais antigas espécies floridas cultivadas pelo seu fruto doce. É cultivada extensivamente na região do Médio Oriente, do Norte de África (MENA) e do Sul da Ásia. Os frutos comestíveis da tamareira e outros produtos da tamareira têm contribuído para a segurança alimentar e para a subsistência da população destas regiões, fornecendo o seu sustento há mais de 5000 anos. As tâmaras têm sido um alimento básico desde tempos imemoriais.

Recentemente, o Conselho da Organização das Nações Unidas para a Alimentação e a Agricultura (FAO) aprovou a proposta da Arábia Saudita de declarar o ano de 2027 como o **Ano Internacional da Tamareira**. Este dia contribuirá para aumentar a consciencialização sobre a adequação do cultivo sustentável de tamareiras em condições climáticas adversas e capacitar as empresas para desenvolverem um sistema agroindustrial que inclua os subprodutos das culturas.

Origem

Devido a uma longa história de cultivo de tâmaras, o local exato de origem da tamareira é incerto. Os registos fósseis mostram que a tamareira existe há pelo menos 50 milhões de anos. As provas sugerem que é originária da região do Crescente Fértil (atual Iraque). No início do século 18 -19^{thth} , missionários espanhóis facilitaram a disseminação da tamareira pelo mundo, trazendo-a para a América do Norte.

Fig. (5): A tamareira

Cultivo

As tâmaras são atualmente cultivadas em muitas regiões e países de todo o mundo. De acordo com um relatório recente, o Egito é o líder mundial na produção de tâmaras, produzindo um volume de 1,6 milhões de toneladas métricas. Segue-se a Arábia Saudita, o Irão e a Argélia, que contribuem generosamente para o total da colheita mundial.

Em 2005, uma equipa de cientistas tentou fazer germinar uma semente de tamareira conservada com 2000 anos. O resultado foi a mais antiga germinação de uma semente assistida por humanos. A palmeira recebeu o nome de *Matusalém,* em homenagem à figura bíblica que viveu até aos 969 anos de idade. Após este feito, mais seis sementes preservadas foram germinadas de forma semelhante. Após a maturidade, o pólen de Matusalém foi utilizado para polinizar uma planta fêmea moderna que mais tarde produziu frutos.

Uma tamareira adulta pode atingir 15-25 metros de altura, com um tronco feito de fibras de celulose resistentes. Estas árvores começam a dar frutos ao fim de quatro a cinco anos e podem viver até 150 anos. Cada árvore pode produzir até 150 quilos de frutos por ano. Existem muitas variedades de tamareiras a nível mundial. De facto, as tamareiras cobrem 3% da superfície cultivada da Terra.

As tamareiras desenvolvem-se bem em climas quentes, secos ou húmidos. Para cultivar uma tamareira em casa, recolha as sementes de tâmara e coloque-as de molho em água fria para retirar o excesso de partículas de fruta. Uma toalha húmida pode então ser usada para germinar as sementes. Quando os rebentos aparecerem, as sementes estão prontas para serem plantadas. Uma mistura de terra de palma ou um solo arenoso bem drenado é ideal para plantar as sementes de tâmara. São necessários cuidados regulares e paciência, pois as plantas podem levar até quatro anos para amadurecer.

Utilizações da tamareira

A tamareira oferece frutos, fibras, material de abrigo e combustível, o que demonstra a sua versatilidade e grande importância.

- O tronco fornece a madeira e as folhas fornecem os materiais de cobertura
- Os folhetos são utilizados no fabrico de cestos
- As bases das folhas e os caules dos frutos são utilizados para combustível e corda
- As fibras são transformadas em materiais de embalagem
- As sementes são moídas e utilizadas como alimento para animais
- O rebento terminal tenro pode ser consumido como salada quando a palmeira é cortada, também conhecido como palmito

Fig. (6): A exploração de tamareiras

Bateel's Date Farms

A Bateel é conhecida como o único produtor, produtor e vendedor de tâmaras gourmet do mundo. Situada num oásis fértil na região de Al Ghat, na Arábia Saudita, mais de 100.000 tamareiras crescem nos vales verdes históricos das montanhas Tuwayq. O clima temperado e a água doce que corre naturalmente para irrigação conferem um sabor distinto a cada tâmara Bateel. A Bateel utiliza as melhores práticas agrícolas, recorrendo a técnicas de cultivo ancestrais, para produzir **tâmaras** 100% **biológicas**.

Cada tamareira é regada a partir do *wadi* do deserto. Um sistema de irrigação estrategicamente colocado permite aos agricultores reciclar e preservar a água que ocorre naturalmente. Como as tamareiras são dióicas, a polinização é efectuada com ajuda humana. Os ramos das flores brancas masculinas são colocados entre as flores femininas. Uma vez polinizadas, as árvores femininas dão frutos ao fim de seis anos. Este processo requer cuidados e atenção constantes. Os ramos das tamareiras são regularmente desbastados e mais de 50% dos frutos são cortados para garantir uma circulação de ar e um espaço óptimos. Isto permite que os frutos restantes atinjam o seu melhor potencial. As tâmaras em amadurecimento são depois cobertas com um pano ventilado para evitar os danos causados por aves e insectos. A Bateel colhe anualmente cerca de 3.000 toneladas de tâmaras de primeira qualidade. As tâmaras são colhidas à mão por agricultores qualificados na altura ideal da estação

Tamareira

Fig. (7): Tamareira (Phoenix dactylifera)

A tamareira (Phoenix dactylifera) é uma árvore da família das palmeiras Arecaceae, que cresce em muitas regiões tropicais do mundo e é cultivada pelos seus frutos doces e comestíveis. As tâmaras incluem muitas variedades (por exemplo, Deglet Noor ou Medjool), todas têm um longo período de conservação e podem ser vendidas secas e transformadas. Os frutos secos contêm mais de 50% de açúcar e cerca de 2% de proteínas, gorduras e minerais.

As tamareiras são cultivadas em climas mais quentes. A árvore pode atingir 23-30 metros de altura e termina numa coroa de folhas pinadas, sobrepostas e viradas para cima, com cerca de 6 metros de comprimento. A tamareira tem pequenas flores masculinas e femininas que estão normalmente separadas em plantas diferentes. No entanto, algumas tamareiras têm flores masculinas e femininas. As flores femininas são de cor esbranquiçada, enquanto as flores masculinas são cerosas e de cor creme. No cultivo, as flores femininas são polinizadas artificialmente. A tâmara propriamente dita é um fruto com uma só semente, ou drupa, geralmente oblongo e com até 7 cm de comprimento. Podem aparecer mais de 1.000 tâmaras num único cacho de 8 kg ou mais. A tâmara pode variar em termos de forma, tamanho, cor, qualidade e consistência da polpa, consoante as condições de cultura e a variedade.

É possível propagar a palmeira a partir de sementes ou de rebentos, que são ramos que surgem à volta da base do caule durante os primeiros anos da árvore. Quando os rebentos têm três a seis anos de idade e formam as suas próprias raízes, são retirados e plantados. As palmeiras começam a dar frutos 4 a 5 anos após a plantação e atingem a sua produção máxima aos 10 a 15 anos, produzindo 40 a 80 kg ou mais cada uma. As palmeiras podem viver até 150 anos, mas geralmente são substituídas muito mais cedo, à medida que a sua produção de frutos diminui.

Quando a árvore está dormente, pode suportar temperaturas ainda mais frias. Uma produção elevada de frutos só é possível em regiões com uma estação de crescimento permanentemente quente e seca, com temperaturas máximas diárias de 32°C. Embora a árvore possa tolerar longos períodos de seca, as necessidades hídricas elevadas são essenciais para uma maior produção de frutos.

A árvore desenvolve-se bem em solos franco-arenosos, argilosos ou outros solos pesados com boa drenagem e arejamento e pode tolerar solos alcalinos.

Date palm	

Scientific classification	
Kingdom:	Plantae
Clade:	Tracheophytes
Clade:	Angiosperms
Clade:	Monocots
Clade:	Commelinids
Order:	Arecales
Family:	Arecaceae
Genus:	*Phoenix*
Species:	*P. dactylifera*
Binomial name	
Phoenix dactylifera L.	
Synonyms	
• *Palma dactylifera* (L.) Mill. • *Phoenix chevalieri* D.Rivera, S.Ríos & Obón • *Phoenix iberica* D.Rivera, S.Ríos & Obón	

Cultivo da tamareira

A vida económica média de um jardim de tâmaras é de 40 a 50 anos, mas algumas continuam a ser produtivas até aos 150 anos. Existem algumas tamareiras que têm provavelmente várias centenas de anos. Devido à biologia da tamareira, o seu cultivo tem uma série de caraterísticas invulgares que não são comuns noutras culturas perenes. Há uma série de práticas culturais que requerem o acesso à copa da árvore e, em árvores antigas que atingem dezenas de metros de altura, isso pode ser um desafio e, por vezes, perigoso.

É necessário aceder à copa da árvore para polinização, amarração do cacho, cobertura, colheita e poda. Embora a prática de trepar às árvores para aceder à copa ainda se encontre em todas as zonas produtoras de tâmaras, a utilização de elevadores mecânicos é comum nas zonas de produção mais avançadas ou industrializadas, como os Estados Unidos (Nixon e Carpenter, 1978).

Na natureza, a tâmara é polinizada pelo vento, mas é possível a polinização por insectos. Comercialmente, poucas árvores macho são cultivadas em jardins de tâmaras, e o pólen é recolhido para a polinização artificial, que é fundamental para o sucesso da produção. A polinização artificial é praticada no Norte de África e no Médio Oriente há milhares de anos. A polinização de 60% a 80% das flores femininas resulta numa frutificação adequada. As cultivares diferem muito na sua percentagem de frutificação. A incompatibilidade ou incompatibilidade parcial entre diferentes cultivares femininas e masculinas é comum mas não é bem compreendida. Apenas um óvulo por flor é fertilizado, produzindo um único fruto (Nixon e Carpenter, 1978; Zaid e de Wet, 2002c).

Diferentes fontes de pólen podem influenciar o tamanho e a forma das sementes (efeito "xénia"). O pólen também pode ter um efeito de "metaxenia", influenciando o tecido fora do embrião e do endosperma

(Nixon, 1934, 1936; Reuveni, 1986). Como exemplo de efeitos metaxénicos em tamareiras, Nixon (1934) relatou que 'Fard No. 4' produziu consistentemente frutos mais cedo mas mais pequenos do que a média de todas as fontes de pólen estudadas, enquanto que 'Mosque' produziu consistentemente frutos maiores mas mais tarde do que a média. A polinização com pólen de diferentes espécies de *Phoenix* também apresentou efeitos metaxénicos (Nixon, 1936). Embora se tenham registado efeitos similares em vários outros países, em alguns casos não se observaram efeitos observáveis de polinizações com pólen de diferentes machos testados. Isto foi atribuído ao facto de os efeitos metaxénicos serem menos pronunciados quando as condições climáticas são favoráveis (i.e., unidades de calor mais elevadas) ou à possibilidade de os machos específicos testados não terem produzido efeitos metaxénicos (Reuveni, 1986).

Após a polinização, os cachos são frequentemente atados aos caules das folhas para suportar o peso dos frutos. O desbaste de frutos é, por vezes, praticado no cultivo de tâmaras. O desbaste de frutos é usado para diminuir a alternância de produção, aumentar o tamanho dos frutos, melhorar a qualidade dos frutos, antecipar a maturação dos frutos e facilitar a gestão dos cachos. O raleio de frutos pode ser efectuado de três maneiras: remoção de cachos inteiros, redução do número de ramos por cacho e redução do número de frutos por ramo. A cultivar, o clima e as práticas culturais influenciam os níveis apropriados de desbaste de frutos. Nos Estados Unidos, os cachos de tâmaras são geralmente cobertos (ensacados) com papel artesanal castanho, papel branco ou sacos de malha de algodão ou nylon. O ensacamento pode proteger os cachos de frutos da humidade elevada e da chuva, minimizar os danos causados pelas queimaduras solares e diminuir as perdas causadas por pássaros (Nixon e Carpenter, 1978; Zaid e de Wet, 2002c).

Embora as tamareiras possam suportar longos períodos de seca sob temperaturas elevadas, são necessárias grandes quantidades de água para um crescimento vigoroso, uma produção elevada e frutos de alta qualidade. Em condições de produção típicas na Califórnia, o consumo anual de água foi de ≈1,3 m (Furr e Armstrong, 1956). A maior parte desta água provém dos 2 m superiores do solo, o que coincide com a distribuição das raízes. É de notar que este estudo foi efectuado com 'Khadrawy', uma cultivar de pequena estatura que muito provavelmente teria um consumo de água inferior ao das cultivares de maior porte. Em condições semelhantes, a aplicação de água em excesso não aumentou a taxa de crescimento das tamareiras ou a produção de frutos; no entanto, a retenção de água durante os meses de verão diminuiu a taxa de crescimento das árvores e diminuiu o teor de humidade dos frutos (Reuther e Crawford, 1945). A irrigação por inundação é a forma mais antiga de irrigação e ainda é utilizada em muitas áreas. A aspersão, a microaspersão e a irrigação gota a gota são frequentemente utilizadas nas plantações mais recentes (Abdul-Baki et al., 2002).

As tamareiras são normalmente fertilizadas, embora em muitos casos apenas com azoto (Nixon e Carpenter, 1978). As respostas à fertilização são inconsistentes e provavelmente dependem da cultivar, do tipo de solo e de outros factores. Por exemplo, nos Estados Unidos, Furr e Cook (1952) fizeram uma amostragem de 'Deglet Noor' e 'Khadrawy' e relataram que as concentrações de N eram mais altas nas folhas de árvores fertilizadas em comparação com árvores não fertilizadas. No entanto, não houve uma correlação consistente da fertilização ou dos níveis de N nas folhas com a produção. Houve uma resposta aparentemente fraca de 'Deglet Noor', mas nenhuma foi observada com 'Khadrawy'. Labanauskas e Nixon (1962) efectuaram uma amostragem de palmeiras saudáveis e em declínio, mas não observaram diferenças significativas nas concentrações de nutrientes. Os valores registados para a maioria dos elementos eram inferiores aos estabelecidos para os citrinos. As concentrações de nutrientes nas folhas de tamareiras publicadas em vários países são inconsistentes, mas geralmente apresentam concentrações baixas de N em comparação com outras culturas perenes. Curiosamente, as concentrações das tamareiras cultivadas nos Estados Unidos e que recebem níveis elevados de N têm sido consistentemente inferiores às registadas para as tamareiras do Médio Oriente e do Norte de África (Krueger, no prelo).

O estrume tem sido tradicionalmente utilizado na produção de tâmaras, mas em muitos casos são utilizados fertilizantes inorgânicos. Muitos produtores, mesmo na produção industrializada, consideram que o estrume é superior ao fertilizante inorgânico. As culturas de cobertura também são frequentemente utilizadas na produção de tâmaras (Abdul-Baki et al., 2002). Nas regiões áridas, as tamareiras podem proporcionar sombra para o cultivo de outras culturas. O cultivo intercalar de tâmaras com frutos, legumes e pastagens é comum nas zonas tradicionais de produção de tâmaras.

Existem três métodos de propagação de tamareiras (Nixon e Carpenter, 1978; Zaid e de Wet, 2002b). O método mais comum é a propagação vegetativa de rebentos, que assegura a identidade genética das variedades maternas. Os rebentos desenvolvem-se a partir de gemas axilares no tronco, perto da superfície do solo, durante a fase juvenil da tamareira. Os rebentos, após 3 a 5 anos de ligação à palmeira parental, produzem raízes e podem ser removidos e plantados. É mais ou menos nesta idade que os rebentos começam a produzir flores e, nas linhas femininas, frutos. O segundo método de propagação é a utilização de plântulas de acaso provenientes de cruzamentos sexuais. As plântulas não são idênticas às árvores maternas e não são uniformes geneticamente, variando muito na sua produção e na qualidade dos frutos. Cerca de 50% das plântulas são masculinas, embora não possam ser identificadas até as árvores começarem a florescer depois de ≈4 a 5 anos. A produção e a qualidade dos frutos dos pomares derivados de plântulas são muito reduzidas em comparação com os pomares desenvolvidos a partir de rebentos.

O terceiro método de propagação de tâmaras é através de TC (Zaid e de Wet, 2002b). A propagação em cultura de tecidos de tamareiras a partir de pontas de rebentos através de embriogénese ou organogénese foi desenvolvida pela primeira vez nos anos 1970 a 1980. A organogénese pode ser conseguida utilizando botões auxiliares e meristemas apicais, enquanto a embriogénese pode ser feita através da fase de calo a partir de vários tecidos meristemáticos como rebentos, folhas jovens, caule, ráquis, etc. As cultivares respondem à TC de forma diferente e são necessárias condições óptimas diferentes para cada cultivar. São necessários cerca de 6 anos para atingir a produção através do processo de TC e 8 anos para atingir quantidades comerciais. Em geral, as progénies de TC têm caraterísticas semelhantes às derivadas da propagação de rebentos. No entanto, um dos principais problemas da propagação por TC é a variação somaclonal (off types).

Estas variantes somaclonais apresentam vários fenótipos típicos, incluindo variegação nas folhas, variação na estrutura das folhas e nos padrões gerais de crescimento das plantas, árvores que não formam inflorescências ou produzem um desenvolvimento floral anormal e árvores que produzem frutos partenocárpicos sem sementes. A maioria das variantes somaclonais pode ser detectada nas fases iniciais; no entanto, algumas só podem ser detectadas no campo, vários anos após a plantação ou alteram a floração, a frutificação e a maturação das árvores. A frequência da variação somaclonal nas tamareiras derivadas da TC pode ser por vezes muito elevada, mas os mecanismos que causam estas variações não são claros e estão a ser investigados (Gurevich et al., 2005).

Palmeira

Palmeira, qualquer membro das Arecaceae, ou Palmae, a única família de plantas com flores monocotiledóneas da ordem das Arecales.

Os grandes centros de distribuição das palmeiras encontram-se na América e na Ásia, desde a Índia até ao Japão e para sul até à Austrália e às ilhas dos oceanos Pacífico e Índico, com África e Madagáscar como uma terceira região de palmeiras, mas muito menos importante. Estes centros são delimitados aproximadamente pelas latitudes 44° N e 44° S, embora a maior abundância se situe principalmente entre as latitudes 30° N e 30° S. Estas distribuições correspondem mais ou menos a zonas com temperaturas médias anuais de 15 e 21 °C (60 e 70 °F) e, com raras excepções, a áreas com 500 mm (20 polegadas) ou mais de precipitação por ano.

A palmeira mais setentrional é a palmeira europeia *(Chamaerops humilis),* que cresce em torno do Mediterrâneo na Europa e no Norte de África; a mais meridional é a palmeira nikau *(Rhopalostylis sapida*), da Nova Zelândia e das Ilhas Chatham. Embora existam espécies com extensas áreas de distribuição, especialmente na América, a maioria tem uma área de distribuição restrita, e as das ilhas, em particular, não se encontram frequentemente em mais lado nenhum. Uma espécie, *Maxburretia gracilis,* está limitada a alguns afloramentos calcários nas ilhas Langkawi, ao largo da Península Malaia. A ilha da Nova Caledónia tem 17 géneros e 32 espécies de palmeiras, todas elas endémicas. As palmeiras de Madagáscar ainda não são bem conhecidas, mas estão registadas 130 espécies pertencentes a 21 géneros e pelo menos 14 dos géneros encontram-se apenas na ilha.

Nenhuma espécie, exceto a palmeira europeia e o coqueiro cultivado pantropical (*Cocos nucifera*), ocorre em mais do que um continente; os géneros que transcendem os limites continentais são *Chamaerops* na Europa e África, *Elaeis* (palmeira de óleo) e *Raphia* (palmeira de ráfia, ou jupati) em

África e América, e *Borassus* (palmeira palmeira palmeira), *Calamus* (palmeira de rotim), *Hyphaene* (palmeira de doum), e *Phoenix* (palmeira de tâmaras) em África e Ásia. O número de indivíduos de uma espécie pode ser pequeno ou grande.

Os centros de abundância em número de espécies ocorrem em florestas tropicais e subtropicais mistas, tanto nas regiões tropicais americanas como nas asiáticas. As florestas húmidas de planície da Nova Guiné e das ilhas Sunda e as florestas húmidas da América Central e do Sul são as mais ricas em espécies de palmeiras. A região de Chocó, no oeste da Colômbia, e partes da ilha de Bornéu possuem um número extraordinário de palmeiras. No Parque Nacional Gunung Mulu, na Malásia, uma área de floresta tropical com cerca de 52.864 hectares, tem 111 espécies representando 20 géneros. Na parte ocidental da região de Antioquia, no noroeste da Colômbia, 89 espécies representando 34 géneros de palmeiras ocorrem numa área de 19.000 km2 (7.300 milhas quadradas).

É de salientar que as palmeiras não são os elementos dominantes nestas florestas. Grandes povoamentos de uma única espécie dominam, de facto, certos tipos de vegetação nas regiões tropicais e subtropicais. A carnaúba *(Copernicia alba)* ocorre em povoamentos sólidos com centenas de quilómetros quadrados de extensão na secção nordeste do Chaco Boreal paraguaio e nas regiões adjacentes da Bolívia e do Brasil, sendo que os maiores povoamentos só nesta região contêm possivelmente 500 milhões de plantas.

Nos trópicos orientais, *a Nypa fruticans* pode formar colónias densas em lamas estuarinas; estes povoamentos puros de palmeira nipa *(Nypa)* estendem-se por centenas de hectares na Sumatra oriental e em partes do Bornéu. Noutras situações, as espécies dicotiledóneas dos mangais ocorrem com a palmeira nipa. O género *Manicaria* (palmeira bussu) ocupa habitats semelhantes em algumas zonas do Novo Mundo. As palmeiras são dominantes noutro tipo de vegetação, na orla terrestre dos mangais do arquipélago malaio ocidental, onde se encontram *Oncosperma tigillarium* e *Calamus erinaceus* (e, no Bornéu, *Daemonorops longispathus)*. No estuário do Amazonas, *a Raphia taedigera* cobre extensas áreas; outras espécies da palmeira-ráfia dominam habitats semelhantes na África Ocidental. A palmeira-ráfia ocorre em povoamentos quase puros entre pântanos e florestas pantanosas de dicotiledóneas ao longo das costas das Caraíbas e do Pacífico da Costa Rica, e *a Mauritia flexuosa* encontra-se em vastos povoamentos no interior da bacia amazónica.

Nas planícies ribeirinhas e nas planícies costeiras de África, ocorrem *Hyphaene compressa* e *Borassus aethiopum*, frequentemente em grande abundância. As zonas pantanosas de água doce em partes da Nova Guiné são dominadas por *Metroxylon sagu.* Tanto a palmeira doum como a palmeira sagu *(Metroxylon)* são úteis e a sua distribuição pode dever-se em parte às actividades humanas. *A Eugeissona utilis* cresce em densos povoamentos locais, excluindo outras árvores nas terras altas do Bornéu. A vegetação dominada por *Prestoea montana* é caraterística das florestas montanhosas das Caraíbas. Muitas destas palmeiras são economicamente úteis e os seus povoamentos naturais ou seminaturais podem ser extremamente importantes para as economias locais.

A abundância de palmeiras também pode ser considerada em relação ao número de espécies por género, uma vez que alguns géneros de palmeiras têm um grande número de espécies. *Calamus* com cerca de 379 é o maior e *Bactris* (a palmeira-pêssego) com aproximadamente 239 é o segundo. Vários outros géneros, *Licuala, Pinanga, Chamaedorea* e *Daemonorops,* têm mais de 100 espécies cada. Quase um terço dos géneros (64), no entanto, tem apenas uma única espécie e mais de metade tem menos de 5 espécies cada. O pequeno número de espécies por género reflecte a grande quantidade de endemismos na família.

As palmeiras com maior importância no comércio mundial são o coco e o dendezeiro africano *(Elaeis guineensis);* ambas são as principais fontes de óleo e gordura vegetal. Poucas plantas são tão versáteis como o coco. A casca do fruto é a fonte da fibra de coco, usada para cordas e esteiras; a camada interna dura do fruto

(O "sumo" ou "água" de coco (endosperma líquido) é uma bebida saborosa; a polpa (endosperma sólido) é consumida crua ou seca para formar a copra, uma fonte de óleo (muito utilizada na preparação de alimentos e para fins industriais) e o bagaço de óleo (alimento para o gado); a polpa também pode ser ralada, misturada com água e prensada para obter leite de coco, utilizado na preparação de alimentos e como substituto do leite de vaca. A seiva obtida a partir da batida da inflorescência, ou caule da flor, é bebida não fermentada ou fermentada (toddy) e é uma fonte de açúcar, álcool e vinagre. Os troncos são utilizados na construção e no fabrico de mobiliário, e as folhas são utilizadas de diversas formas nas economias domésticas. A palmeira africana é importante principalmente pelo óleo de palma obtido da casca do fruto e pelo óleo da semente.

Outras palmeiras são muito utilizadas, tanto no Velho como no Novo Mundo. O açúcar e o álcool são obtidos através da colheita das inflorescências da palmeira-do-açúcar *(Arenga pinnata), da* palmeira-palmeira *(Borassus flabellifer),* da tâmara selvagem *(Phoenix sylvestris),* da palmeira-dos-ventos *(Caryota urens),* da palmeira-nipa e das palmeiras gebang e talipot *(Corypha elata* e *C. umbraculifera).* O vinho é produzido a partir de espécies de palmeira ráfia em África e de palmeira gru gru *(Acrocomia)* e de palmeira coquito *(Jubaea)* na América. O sagueiro e, em menor escala, a palmeira açucareira e a palmeira gebang são fontes de amido obtido a partir da medula. O fruto da tamareira *(Phoenix dactylifera*) é um alimento básico em partes da Ásia Menor, da Península Arábica e do Norte de África, sendo também um artigo de comércio. Os frutos são também muito utilizados frescos, como fontes de óleo e na preparação de bebidas refrescantes e gelados. Em grande parte dos trópicos asiáticos e mesmo em partes da África Oriental, a semente da palmeira de bétel *(Areca catechu)* é utilizada, juntamente com a lima e a folha da pimenta de bétel *(Piper betle)*, como substância para mastigar. Os troncos e as folhas servem para a construção local, para o fabrico de armas e como fontes de cera (a palmeira-cera, *Ceroxylon;* a palmeira-cera de carnaúba). As folhas da palmeira gebang são transformadas em guarda-chuvas e livros; outras fornecem material para capas de chuva, cestos, ráfia *(Raphia farinifera*), chapéus, redes e a fibra conhecida como piaçava.

Palmeira de babaçu *(Attalea speciosa).*

As palmeiras parecem destinadas a continuar a ser extremamente valiosas do ponto de vista económico, mas de formas cada vez mais diferentes. Durante séculos, as palmeiras forneceram a maior parte das necessidades da vida humana nos trópicos. No interior das florestas tropicais e ao longo das suas fronteiras, comunidades inteiras têm dependido das palmeiras para a sua subsistência. Com exceção do coco pantropical, diferentes géneros têm servido em diferentes áreas tropicais. O número de utilizações é imenso. A palmeira de açúcar é utilizada de mais de 40 formas na Ásia; a palmeira de babaçu *(Attalea;* ver fotografia) no Brasil produz 28 produtos de valor comestível e químico. Os produtos da palmeira nativa estão agora a contribuir substancialmente para as economias locais. Em 1979, o valor da colheita de seis géneros de palmeiras nativas (a palmeira negra, *Astrocaryum;* a palmeira piaçava, *Attalea;* a palmeira de cera de carnaúba, *Copernicia; Euterpe; Mauritia;* e a palmeira de babaçu) foi superior a 100 milhões de dólares. Durante a década de 1980, os empresários reconheceram que vários géneros utilizados apenas em povoamentos naturais poderiam ser melhorados com a seleção, o cultivo e a colheita mecânica que lhes poderiam ser proporcionados como grandes culturas de plantação. Algumas palmeiras neotropicais, que se diz terem um rendimento potencial várias vezes superior ao das sementes oleaginosas tradicionais, como o amendoim e a soja, são um bom exemplo. Talvez 200 espécies de palmeiras sejam potenciais produtoras de óleo, mas apenas cerca de 20 foram exploradas e, com exceção da palmeira de óleo *(Elaeis),* que é uma cultura de plantação, o óleo foi extraído de espécimes selvagens. O óleo das sementes de uma espécie, *Jessenia bataua*, é física e quimicamente muito parecido com o azeite, e a polpa do mesocarpo dos frutos de *Jessenia* e de *Oenocarpus*, que está intimamente relacionado, tem um teor de proteínas semelhante ao da carne. Foi defendida a produção em grande escala destes géneros.

Vários géneros apresentam um excelente potencial para a silvicultura e a agrossilvicultura em sistemas de utilização da terra em que são misturados com outras espécies, por vezes também com componentes animais. Uma outra vantagem é que algumas palmeiras úteis crescem em terras não adequadas para outras culturas, como a *Mauritia flexuosa* em solos alagados, a palmeira preta em áreas sazonalmente inundadas e a *Euterpe chaunostachys* em pântanos. Muitas palmeiras, como a palmeira-de-açúcar, a palmeira-palmeira e o sagueiro, são árvores polivalentes. Na América tropical, a palmeira-pêssego *(Bactris gasipaes)* é amplamente cultivada para palmito e frutos, tanto em plantações como em pequenas propriedades. A madeira é valiosa, e a palmeira-pêssego também é cultivada como sombra para várias culturas, como o café *(Coffea arabica*), os citrinos *(Citrus)* e a fruta-pão *(Artocarpus altilis);* é especialmente bem sucedida com o cacau *(Theobroma cacao).* No Equador, as palmeiras cultivadas pela indústria agroflorestal incluem a palmeira-pêssego; a tagua, ou palmeira-marfim *(Phytelephas aequatorialis)* cultivada para marfim vegetal; e uma palmeira-fibra *(Aphandra natalia*).

No Sudeste Asiático, a produção de rotim a partir de espécies de *Calamus (C. caesius, C. manan* e *C. trachycoleus)* é uma indústria promissora. A produção comercial de sagu a partir de troncos de *Metroxylon* foi investigada. As palmeiras são fontes de muitos produtos; de facto, nenhuma outra família de plantas fornece uma tal diversidade. A sua utilização na agro-silvicultura pode ajudar a conservar as florestas tropicais, proporcionando simultaneamente um rendimento aos pequenos agricultores. O potencial para o seu desenvolvimento é enorme.

Para além das utilizações comerciais ou locais, as palmeiras são amplamente plantadas para ornamentação em regiões quentes ou em interiores quando se pretende um efeito tropical. Várias centenas de espécies são também utilizadas como plantas ornamentais em jardins exteriores.

As palmeiras adaptaram-se a muitos habitats dentro dos seus limites geográficos. Para o habitante das regiões temperadas, tendem a ser associadas à selva ou às costas tropicais, onde o coqueiro é frequentemente um elemento proeminente da paisagem. A maior parte das palmeiras são habitantes das florestas tropicais. Aí, desenvolvem-se em solos ácidos bem drenados, em regiões de precipitação elevada, embora frequentemente sazonal. Vão desde as planícies até às florestas montanhosas e nubladas, até altitudes de 1.800 metros. Raramente, como é o caso da palmeira-cera e de algumas espécies de *Geonoma,* crescem a altitudes até 3.000 metros nos Andes. No entanto, há excepções, pois as palmeiras também se encontram em pântanos ou zonas mal drenadas (bussu, *mauritia,* tamareira, sagu, ráfia) ou em estuários e lagoas salobras (nipa) ou em zonas sujeitas a inundações e secas alternadas (carnaúba). Ocorrem também em desertos ou litorais quando há água subterrânea (doum palm, *Washingtonia,* coqueiro), ou em savanas abertas, pastagens ou matas de galeria, ou restritas a habitats especiais como afloramentos calcários *(Maxburretia rupicola),* solos serpentinos *(Gulubia hombronii)* ou margens de rios *(Astrocaryum jauari, Leopoldinia pulchra)* onde a competição é limitada.

Durante muito tempo, presumiu-se que as palmeiras eram polinizadas pelo vento, mas estudos recentes mostram que, embora algumas (a palmeira *Thrinax)* sejam de facto anemófilas, o vento é apenas um de uma diversidade de mecanismos de polinização. Alguns géneros, como o coqueiro e o babaçu, são polinizados tanto por insectos como pelo vento. Os escaravelhos estão implicados em *Astrocaryum mexicanum, Bactris, Cryosophila albida, Rhapidophyllum hystrix* e *Socratea exorrhiza.* As moscas Syrphus aparentemente polinizam *Asterogyne martiana* na Costa Rica, e pensa-se que as moscas drosophila polinizam a palmeira nipa na Nova Guiné. As abelhas polinizam várias espécies *(Sabal palmetto* e *Iriartea deltoidea).* Os estudos de polinização são difíceis devido ao grande número de insectos que estão associados de alguma forma à maioria das palmeiras. Poucos estudos modernos foram realizados, mas podem ser encontradas adaptações óbvias para a polinização por insectos em muitas palmeiras. Verificou-se que os morcegos polinizam *a Calyptrogyne* na Costa Rica.

Na maioria dos frutos de palmeiras, apenas um óvulo amadurece numa semente, embora alguns géneros tenham frutos com 2 ou 3 sementes e até 10 sementes possam desenvolver-se em *Phytelephas.* Os frutos pretos ou de cores vivas são dispersos por muitos animais diferentes. O elefante africano alimenta-se de frutos e é importante na dispersão de *Phoenix reclinata, Borassus aethiopum* e espécies de *Hyphaene.* Os picanços alimentam-se de frutos da tamareira e, no nordeste de Queensland, na Austrália, o casuar ingere frutos e dispersa sementes de várias palmeiras da floresta tropical *(Calamus* e *Linospadix).* O urso preto *(Ursus americanus)* dispersa *Sabal, Rhapidophyllum hystrix* e *Serenoa repens* na Florida, EUA. Os frutos de *Euterpe* no norte da América do Sul são procurados por peixes e pela enguia eléctrica *(Electrophorus electricus).* Os cães selvagens (família Canidae) e as civetas das palmeiras *(Paradoxurus)* devoram frutos de *Arenga* e *Caryota* na Ásia. Os estudos sobre a dispersão de frutos estão a dar os primeiros passos, mas já se registou um grande número de associações interessantes.

Nos ecossistemas florestais tropicais, as palmeiras são importantes em muitos aspectos. As raízes respiratórias ajudam a arejar os solos alagados. Sabe-se que *a Orbignya cohune* é importante para o desenvolvimento do perfil do solo - os caules são inicialmente geotrópicos e enterrados a uma profundidade de um metro durante o crescimento do estabelecimento. As grandes cavidades que se formam quando as palmeiras de uma população morrem resultam numa renovação considerável do solo. Muitas palmeiras acumulam folhagem nas suas coroas *(Asterogyne martiana, Eugeissona minor, Pinanga ridleyana*, e *Daemonorops verticillaris),* presumivelmente aprisionando nutrientes importantes. Algumas palmeiras *(Orbignya phalerata*) contribuem com grandes quantidades de matéria seca, que, quando reciclada, aumenta a fertilidade do solo.

Durante os anos 80, percebeu-se o valor das palmeiras nos estudos demográficos. As palmeiras são facilmente identificadas no interior da floresta. A sua idade pode ser estimada determinando o tempo necessário para produzir uma folha e contando as cicatrizes das folhas. Este método, no entanto, deve ser usado com bastante cautela, uma vez que os estudos começam a mostrar que a taxa de produção de folhas pode variar com os factores ambientais. Algumas palmeiras têm uma vida muito longa; são comuns períodos de vida de 50 a 100 anos. Nas Seychelles, espécimes do coco duplo, *Lodoicea maldivica,* viveram até 350 anos, e *Livistona eastonii* na Austrália viveu até 720 anos.

As palmeiras são importantes para determinar a composição da comunidade florestal. Os sub-bosques das florestas são por vezes dominados por uma única espécie, como é o caso de *Astrocaryum mexicanum* em Veracruz, México. A competição entre palmeiras jovens e componentes finais do dossel pode ser um fator importante na regeneração da floresta. Algumas palmeiras que crescem perto do chão da floresta *(Asterogyne martiana* e *Geonoma cuneata*, por exemplo) estão a ser usadas para estudar as relações de luz, especialmente no que diz respeito a folhas simples versus folhas dissecadas. Estes estudos são prometedores, mas estão numa fase preliminar.

O ciclo de vida de uma palmeira é semelhante ao da maioria das plantas com flores, exceto que a fase vegetativa inicial é muitas vezes prolongada porque o caule da palmeira atinge geralmente o seu perímetro máximo abaixo do solo antes de começar a crescer para cima. Este crescimento de estabelecimento é necessário porque as palmeiras, ao contrário das plantas lenhosas de folha larga, não têm meios para fazer crescer um tronco mais grosso; além disso, têm apenas um único ponto de crescimento. Geralmente, acompanha-se uma mudança da folha pequena e por vezes em forma de tira da plântula para a folha do adulto.

A maior parte dos caules das palmeiras são erectos e solitários ou agrupados, mas alguns crescem horizontalmente, tornando-se procumbentes, ou rastejantes, à superfície ou abaixo da superfície do solo e produzindo a coroa ao nível do solo, enquanto outros são trepadeiras altas. Os raros exemplos de ramificação regular (em *Allagoptera, Chamaedorea, Hyphaene, Nannorrhops, Nypa, Vonitra)* parecem envolver uma divisão igual ou subigual no ápice que resulta num hábito de bifurcação. Os dois ramos recém-formados podem continuar igualmente, ou um pode ser sobrepujado pelo outro *(Nannorrhops).* Quando ocorre espessamento, como nas palmeiras *reais (Roystonea)* ou nas poucas que produzem inchaços conspícuos ou "barrigas", como a *Colpothrinax,* este deve-se a um aumento do número ou tamanho das células internas e não à produção de novas células numa camada de câmbio, ou de crescimento. O córtex, ou "casca", pode ser liso ou rugoso e, por vezes, é ferozmente armado com espinhos ou coberto com bases de folhas velhas. Os nós são marcados por cicatrizes foliares muitas vezes proeminentes e em forma de anel.

Um caule típico de palmeira, ao contrário do cilindro lenhoso de uma árvore de madeira dura, é composto por centenas a milhares de fios condutores espalhados no tecido mais macio do solo. No entanto, existem normalmente duas regiões desiguais. A região central é maior e mais macia do que a região exterior, que é frequentemente composta por fibras densamente compactadas e tão duras que rapidamente embotam qualquer instrumento de corte. Assim, as palmeiras são muitas vezes deixadas no local quando as florestas são desbravadas para cultivo. Esta construção explica a capacidade das palmeiras para resistir a ventos que partem as árvores normais.

A primeira raiz das palmeiras, incapaz de aumentar de diâmetro como as raízes das plantas de folha larga, acaba por ser substituída por raízes adventícias provenientes dos nós basais do caule. A maioria das raízes penetra no solo, mas, em algumas palmeiras, as raízes adventícias podem formar um monte acima do solo ou aparecer a intervalos ao longo do caule. Em *Cryosophila* e *Mauritia,* as raízes ao longo do caule transformam-se em espinhos. Em certas variedades de palmeiras, em nós sucessivos ao longo do caule, encontram-se raízes robustas que formam um cone denso ou aberto.

As folhas das Palmae têm um aspeto caraterístico, mas são diversas em tamanho, forma e divisão. A maioria tem uma bainha, pecíolo ou talo e lâmina. As bainhas são, por vezes, alongadas ou tubulares e, quando parecem formar uma continuação do caule, são designadas por coroas. O pecíolo é discernível acima da bainha como um eixo de suporte desprovido de folhetos.

A parte terminal ou lâmina da folha da palmeira é sempre plicada e pode ser pinada (em forma de pena) ou palmada (em forma de leque). A primeira categoria engloba aquelas que têm pinas ou folíolos distintos ou são bipinadas *(Caryota)* ou apenas com nervuras pinadas. A segunda categoria inclui as lâminas com nervuras ou veias centrais relativamente alongadas (costapalmatas) ou aquelas em que os segmentos irradiam de uma região central na ponta do pecíolo. Muitas folhas palmadas e costapalmadas têm uma crista de tecido proeminente, muitas vezes em forma de lança, no ápice do pecíolo, conhecida como hastula.

As folhas são por vezes armadas com espinhos ou dentes marginais na bainha, no pecíolo ou na lâmina, ou em todas as partes. As pinas podem ser modificadas em ganchos recurvados *(Desmoncus),* ou a ponta do eixo central pode ser produzida numa longa e delgada corda em forma de chicote armada com espinhos recurvados em palmeiras trepadeiras como a palmeira-ratã.

A inflorescência, a estrutura que suporta as flores, pode ser uma panícula grande e complexa com numerosas brácteas e ramos semelhantes a folhas pequenas até à sexta ordem, ou pode ser reduzida a uma cabeça ou a um eixo em forma de espiga com uma única bráctea, ou, como na palmeira de rotim, pode tornar-se um órgão trepador ou cirro (gavinha) delgado e com garras. A inflorescência habitual tem um pedúnculo de suporte, ou eixo principal, sobre o qual assenta uma primeira bráctea de duas quinas, conhecida como profilo, e geralmente uma ou mais brácteas estéreis abaixo da parte florida. A parte florida é composta por um eixo central com ramos de uma ou mais ordens e brácteas associadas a cada ramo.
Uma pequena bráctea subentende geralmente a flor ou o cacho de flores. Mais raramente, as flores são afundadas em covas formadas pela união de brácteas proeminentes ou pelo crescimento diferencial do ramo.

As flores das Palmae estão diretamente ligadas ao ramo florido ou, mais raramente, podem ter caules curtos de suporte. Em ambos os casos, são muito diversas em termos de estrutura, tamanho e cor e baseiam-se geralmente num plano de três partes. A maioria tem menos de 2,5 cm de comprimento, mas as flores femininas de *Phytelephas* podem ter 25 cm de comprimento. As flores menos especializadas são aquelas com um cálice de três sépalas, uma corola de três pétalas, um complemento masculino de seis estames e uma estrutura feminina de três carpelos distintos, cada um com um óvulo. As flores unissexuais são muitas vezes marcadamente dimórficas (ou seja, as formas masculina e feminina são muito diferentes).

As sépalas de todas as flores estão sobrepostas ou unidas numa cúpula lobada e são em número de 3, raramente 2 ou até 10. As pétalas, da mesma forma, são geralmente 3, mas podem ser 2 ou até 10; são geralmente mais grossas do que as sépalas, fibrosas e esbranquiçadas ou coloridas. Podem ser distintas e sobrepostas ou podem encontrar-se sem se sobreporem, especialmente nas flores masculinas. As pétalas também estão por vezes parcial ou totalmente unidas. Em algumas palmeiras, as sépalas e as pétalas são reduzidas e unidas numa cúpula lobada.

Os estames, embora na maioria das vezes em número de 6, podem raramente ser 3 *(Areca triandra, Geonoma triandra, Nypa fruticans)* ou mais numerosos, variando de 6 a 36 em *Heterospathe,* a mais de 200 em grupos como *Caryota, Phytelephas* e *Veitchia.* Os estames estéreis podem diferir apenas ligeiramente dos estames férteis, ou podem consistir apenas num filamento sem antera, ou estar unidos num cálice à volta da base da estrutura feminina ou num tubo unido às pétalas, ou estar reduzidos a minúsculas abas de tecido. Os grãos de pólen variam muito em forma e tipo de abertura, embora as aberturas monossulcadas sejam as mais comuns. A superfície dos grãos pode, no entanto, ser lisa ou estriada, ou verrugosa ou espinhosa.

Os carpelos, as partes femininas da flor, são geralmente em número de 3. Embora por vezes bastante distintos, os carpelos estão mais frequentemente unidos numa estrutura feminina de 3 câmaras (pistilo), em que cada câmara pode conter um óvulo ou em que 1 ou 2 câmaras podem estar reduzidas ou aparentemente ausentes, parecendo então o pistilo ter 2 câmaras ou uma única câmara. Ocasionalmente, embora raramente, as flores têm apenas 1 ou 2 carpelos distintos, ou um pistilo com 5 a 10 câmaras.

Os frutos das palmeiras, sejam grandes ou pequenos, geralmente não se dividem na maturidade e, portanto, as sementes não são libertadas separadamente. O revestimento do fruto (pericarpo) tem três camadas: uma camada exterior lisa, espinhosa, verrucosa ou escamosa (exocarpo); uma camada intermédia carnuda, carnudo-fibrosa ou fibrosa (mesocarpo); e uma camada interior fina e membranosa a espessa e óssea (endocarpo) que envolve a semente. O mesocarpo está por vezes cheio de cristais químicos urticantes ou de "células pétreas", células densas de paredes espessas. A semente tem uma camada exterior (testa) fina, frequentemente muito vascularizada, sobre um endosperma abundante, duro e por vezes oco, no qual o embrião, semelhante a um tampão, está embebido numa das extremidades ou num dos lados.

Os fósseis mais antigos de palmeiras são folhas de *Sabal magothiensis* e caules de *Palmoxylon cliffWoodensis* do Cretáceo Superior, há cerca de 80 milhões de anos. Em meados do Maastrichtian, há cerca de 69 milhões de anos, está presente pólen supostamente representativo de *Nypa fruticans* e *Acrocomia.* Estes registos colocam as palmeiras entre as primeiras famílias modernas reconhecíveis de plantas com flores. No início da Época Eocénica, há cerca de 56 milhões de anos, as palmeiras estavam disseminadas e eram abundantes. Uma diversidade de géneros, incluindo *Phoenix, Sabal, Serenoa, Livistona, Trachycarpus* e *Oncosperma,* existia nos Estados Unidos, Canadá, Índia, Europa e China, muitos deles em locais onde as palmeiras não ocorrem atualmente. Estes géneros incluem membros de grupos considerados primitivos e especializados dentro da família e parecem representar uma explosão inicial de radiação e diversificação.

As palmeiras são diversas e as suas inter-relações não são claras. Alguma da sua especialização estrutural está relacionada com as exigências do gigantismo e de um hábito não ramificado. Subjacentes a estas exigências estão estruturas reprodutivas e um sistema vascular que são caraterísticos de todas as monocotiledóneas. Assim, o estudo das palmeiras pode ser valioso na interpretação da evolução das monocotiledóneas. Foi sugerido que as palmeiras podem representar um fragmento de uma radiação monocotiledónea inicial. A família Palmae foi separada mais cedo do que as outras famílias e desenvolveu caraterísticas mais especializadas, embora dentro das suas próprias limitações especiais.

Floresta tropical húmida, floresta luxuriante que se encontra nas terras altas e baixas tropicais húmidas em torno do Equador. As florestas tropicais, que em todo o mundo constituem um dos maiores biomas (principais zonas de vida) da Terra, são dominadas por árvores de folhas largas que formam um denso dossel superior (camada de folhagem) e contêm uma grande diversidade de vegetação e outros seres vivos. Contrariamente ao pensamento comum, nem todas as florestas tropicais ocorrem em locais com precipitação elevada e constante; por exemplo, nas chamadas "florestas tropicais secas" do nordeste da Austrália, o clima é pontuado por uma estação seca, que reduz a precipitação anual. Este artigo abrange apenas a mais rica das florestas tropicais - as florestas tropicais dos trópicos sempre húmidos.

As florestas tropicais representam o principal tipo de vegetação mais antigo ainda presente na Terra terrestre. No entanto, tal como toda a vegetação, a floresta tropical continua a evoluir e a mudar, pelo que as florestas tropicais modernas não são idênticas às florestas tropicais do passado geológico.

As florestas tropicais crescem principalmente em três regiões: o sub-reino botânico Malesiano, que se estende desde Myanmar (Birmânia) até às Ilhas Fiji e inclui toda a Tailândia, Malásia, Indonésia, Filipinas, Papua Nova Guiné, Ilhas Salomão e Vanuatu e partes da Indochina e da Austrália tropical; a América do Sul e Central tropical, especialmente a bacia do Amazonas; e a África Ocidental e Central *(ver* região biogeográfica). Existem áreas mais pequenas de floresta tropical húmida noutros locais dos trópicos onde o clima é adequado. As principais áreas de floresta tropical decídua (ou florestas de monção) encontram-se na Índia, na região de Myanmar-Vietname-costa sul da China e no leste do Brasil, com áreas mais pequenas na América do Sul e Central a norte do Equador, nas Índias Ocidentais, no sudeste de África e no norte da Austrália.

As plantas com flor (angiospérmicas) evoluíram e diversificaram-se pela primeira vez durante o período Cretáceo, há cerca de 100 milhões de anos, altura em que as condições climáticas globais eram mais quentes e mais húmidas do que as actuais. Os tipos de vegetação que evoluíram foram as primeiras florestas tropicais, que cobriam a maior parte das superfícies terrestres da Terra nessa altura. Só mais tarde - a meio do período Paleogénico, há cerca de 40 milhões de anos - é que se desenvolveram climas mais frios e secos, levando ao desenvolvimento de outros tipos de vegetação em grandes áreas.

Por conseguinte, não é de surpreender que a maior diversidade de plantas com flor se encontre atualmente nas florestas tropicais onde estas evoluíram inicialmente. De particular interesse é o facto de a maioria das plantas com flores que apresentam as caraterísticas mais primitivas se encontrarem nas florestas tropicais (especialmente nas florestas tropicais) em partes do Hemisfério Sul, particularmente na América do Sul, no norte da Austrália e regiões adjacentes do Sudeste Asiático e em algumas ilhas maiores do Pacífico Sul. Das 13 famílias de angiospérmicas geralmente reconhecidas como as mais primitivas, todas, com exceção de duas - Magnoliaceae e Winteraceae - são esmagadoramente tropicais na sua distribuição atual. Três famílias - Illiciaceae, Magnoliaceae e Schisandraceae - encontram-se predominantemente nas florestas tropicais do Hemisfério Norte. Cinco famílias -Amborellaceae, Austrobaileyaceae, Degeneriaceae, Eupomatiaceae e Himantandraceae- estão restritas às florestas tropicais da região tropical da Australásia. Os membros das Winteraceae são partilhados entre esta última região e a América do Sul, os das Lactoridaceae crescem apenas nas ilhas de Juan Fernández, no sudeste do Pacífico, os membros das

Canellaceae são partilhados entre a América do Sul e África e duas famílias -Annonaceae e Myristicaceae- ocorrem geralmente em regiões tropicais. Este facto levou algumas autoridades a sugerir que o berço original da evolução das angiospérmicas poderia situar-se na Gondwanalândia, um supercontinente do Hemisfério Sul que se pensa ter existido na Era Mesozóica (há 252 a 66 milhões de anos) e que era constituído por África, América do Sul, Austrália, Índia peninsular e Antárctida. Uma explicação alternativa para este padrão geográfico é o facto de no Hemisfério Sul, especialmente nas ilhas, existirem mais refúgios - ou seja, áreas isoladas cujos climas permaneceram inalterados enquanto os das áreas circundantes se alteravam, permitindo a persistência de formas de vida arcaicas.

Pensa-se que as primeiras angiospérmicas eram plantas maciças e lenhosas, adequadas ao habitat das florestas tropicais. A maior parte das plantas mais pequenas e delicadas que hoje se encontram tão disseminadas no mundo evoluíram mais tarde, em última análise a partir de antepassados das florestas tropicais. Embora seja possível que tenham existido formas ainda mais antigas que aguardam descoberta, os fósseis mais antigos de angiospérmicas - folhas, madeira, frutos e flores derivados de árvores - apoiam a ideia de que as primeiras angiospérmicas eram árvores das florestas tropicais. Outras provas provêm das formas de crescimento das angiospérmicas sobreviventes mais primitivas: todas as 13 famílias de angiospérmicas mais primitivas consistem em plantas lenhosas, a maioria das quais são árvores de grande porte.

À medida que o clima mundial arrefeceu em meados do Cenozoico, tornou-se também mais seco. Isto deve-se ao facto de as temperaturas mais baixas terem levado a uma redução da taxa de evaporação da água, em especial da superfície dos oceanos, o que, por sua vez, levou a uma menor formação de nuvens e a uma menor precipitação. Todo o ciclo hidrológico abrandou, e as florestas tropicais húmidas - que dependem tanto do calor como de uma precipitação consistentemente elevada - ficaram cada vez mais limitadas às latitudes equatoriais. Nessas regiões, as florestas tropicais ficaram ainda mais limitadas às zonas costeiras e montanhosas, onde ainda caía chuva abundante em todas as estações. Nas latitudes médias de ambos os hemisférios, desenvolveram-se cinturas de alta pressão atmosférica. Nestas faixas, especialmente nos interiores dos continentes, formaram-se os desertos *(ver* Deserto: Origem). Nas regiões situadas entre os trópicos húmidos e os desertos, desenvolveram-se zonas climáticas em que a precipitação adequada para o crescimento luxuriante das plantas se verificava apenas durante uma parte do ano. Nestas áreas, novas formas de plantas evoluíram a partir dos antepassados das florestas tropicais para fazer face ao clima sazonalmente seco, formando as florestas tropicais de folha caduca. Nos locais mais secos e mais propensos ao fogo, desenvolveram-se as savanas e os prados tropicais.

O recuo das florestas tropicais foi particularmente rápido durante o período que se iniciou há 5 000 000 anos e que conduziu à Idade do Gelo do Pleistoceno, ou intervalos glaciares, que ocorreram entre 2 600 000 e 11 700 anos atrás. Os climas flutuaram ao longo deste período, obrigando a vegetação de todas as partes do mundo a migrar repetidamente, através da dispersão de sementes, para alcançar áreas de clima adequado. Nem todas as plantas foram capazes de o fazer igualmente bem, porque algumas tinham meios de dispersão de sementes menos eficazes do que outras. Daí resultaram muitas extinções. Durante os períodos mais extremos (os máximos glaciares, quando os climas eram mais frios e, na maioria dos locais, também mais secos), a área das florestas tropicais encolheu até à sua menor extensão, ficando restrita a refúgios relativamente pequenos. Intervalos alternados de melhoria climática levaram a uma expansão repetida da área de distribuição, mais recentemente a partir do final do último período glaciar, há cerca de 10 000 anos. Hoje em dia, grandes áreas de floresta tropical húmida, como a

Amazónia, desenvolveram-se em resultado desta expansão relativamente recente. Nelas é possível reconhecer "pontos quentes" de diversidade vegetal e animal que foram interpretados como refúgios glaciares.

Atualmente, as florestas tropicais representam um tesouro de património biológico e servem também de sumidouros para mais de 50% de todo o dióxido de carbono atmosférico absorvido anualmente pelas plantas. Não só conservam muitas espécies vegetais e animais primitivas, como também são comunidades que apresentam uma biodiversidade sem paralelo e uma grande variedade de interações ecológicas. A floresta tropical húmida de África foi o habitat em que evoluíram os antepassados dos seres humanos e é onde ainda vivem os parentes humanos mais próximos - os chimpanzés e os gorilas. As florestas tropicais forneceram uma grande variedade de alimentos e outros recursos aos povos indígenas, que, na sua maioria, exploraram esta generosidade sem degradar a vegetação ou reduzir a sua área de distribuição de forma significativa. No entanto, nalgumas regiões, pensa-se que uma longa história de queimadas pelos habitantes causou a substituição extensiva da floresta tropical húmida e da floresta tropical de folha caduca por savana.

Exploração florestal no BornéuCamiões numa estrada transportam troncos recentemente abatidos perto da fronteira de Sabah com Kalimantan, no Bornéu.(mais)

No entanto, só no século passado é que se registou uma destruição generalizada das florestas tropicais. Lamentavelmente, as florestas tropicais húmidas e as florestas tropicais de folha caduca estão agora a ser destruídas a um ritmo acelerado para fornecer recursos como a madeira e para criar terrenos que possam ser utilizados para outros fins, como o pastoreio de gado (*ver* desflorestação). Atualmente, as florestas tropicais, mais do que qualquer outro ecossistema, estão a sofrer alterações do habitat e a extinção de espécies a uma escala maior e a um ritmo mais rápido do que em qualquer outro momento da sua história - pelo menos desde o grande evento de extinção (a extinção K-T) no final do período Cretáceo, há cerca de 66 milhões de anos.

O truque para manter as datas frescas

As tâmaras são um dos alimentos básicos da cozinha que merecem destaque. São naturalmente doces e picantes, oferecendo um sabor a caramelo que pode satisfazer o seu desejo de sobremesa quando comidas inteiras. Também pode ser criativo com os frutos, uma vez que combinam bem com receitas salgadas, como tâmaras embrulhadas em bacon e outros petiscos decadentes. São também um excelente substituto do açúcar em produtos de pastelaria, como barras de biscoitos de tâmaras, muffins e bolos.

Temperatura ambiente: até 2 meses

No frigorífico : 6 meses

No congelador: um ano

Com variedades frescas e secas na mercearia, pode perguntar-se quanto tempo duram as tâmaras e qual o tipo de tâmaras mais adequado para cozinhar no dia a dia. Antes de se abastecer de caixas ou sacos de tâmaras, descubra as três melhores formas de armazenar tâmaras para desfrutar deste fruto durante todo o ano.

O prazo de validade das tâmaras pode variar consoante a sua variedade e o seu estado no momento da compra. As tâmaras frescas não duram tanto tempo como as tâmaras secas porque estas últimas têm menos humidade e uma maior concentração de açúcar. De um modo geral, as tâmaras frescas não duram tanto tempo como as tâmaras semi-secas ou secas.

Para maximizar a vida útil das tâmaras frescas e secas, o local onde as guarda pode determinar o tempo de duração dos frutos. De um modo geral, as tâmaras armazenadas no congelador têm o prazo de validade mais longo. No entanto, a escolha de manter os frutos à temperatura ambiente, no frigorífico ou no congelador depende da quantidade e da frequência com que os utiliza nos seus cozinhados.

A humidade também afecta a frescura e a qualidade das tâmaras. O ideal é conservar as tâmaras nas suas embalagens fechadas, na sua embalagem original, num local fresco e afastado do calor e da luz solar.

Tal como referido anteriormente, armazenar as tâmaras num saco com vácuo é também a melhor forma de manter a frescura, o sabor e a textura dos frutos, reduzir o crescimento de bactérias e fungos e abrandar a deterioração. Guardá-las num recipiente hermético é a segunda melhor opção, uma vez que este método também minimiza o ar a que as tâmaras são expostas.

Se tiver tâmaras frescas que queira guardar para utilizar mais tarde, pode seguir estes passos para as congelar corretamente.

1. Limpar as superfícies das tâmaras e retirar os seus caroços.
2. Forre um tabuleiro de ir ao forno com papel vegetal e coloque as tâmaras frescas sem caroço no tabuleiro, ligeiramente afastadas umas das outras. Colocar as tâmaras uma a uma na folha evita que os frutos se colem uns aos outros.
3. Coloque o tabuleiro forrado no congelador durante algumas horas até as tâmaras ficarem firmes.
4. Quando as tâmaras estiverem duras e firmes, retire o tabuleiro do congelador e transfira as tâmaras congeladas para um saco com vácuo ou para um recipiente hermético.

Embora as tâmaras frescas congeladas durem mais tempo do que as frescas e refrigeradas, as tâmaras descongeladas têm uma textura mais macia e almiscarada do que as frescas. As tâmaras descongeladas são melhores em receitas em que a textura não é um problema, como batidos ou cortadas em pedaços para cozer.

As tâmaras são naturalmente doces e picantes, com um sabor a caramelo. Quando têm um sabor ácido ou amargo, podem ter-se estragado. Pode dizer-se que se estragaram quando têm um cheiro fermentado ou alcoólico ou um cheiro desagradável que não cheira a tâmaras frescas.

Quando se nota uma mudança de cor tanto no interior como no exterior do fruto, quer este fique descolorido ou mais escuro, são sinais de que as tâmaras se estragaram.

As tâmaras têm um teor de água inferior ao de outros frutos, e as tâmaras semi-secas têm ainda menos água. A probabilidade de crescimento de bolor nas tâmaras é menor do que noutros produtos, mas quando vir o bolor felpudo a crescer na pele dos frutos, não hesite em deitá-los fora.

As tâmaras são naturalmente pegajosas devido ao seu elevado teor de açúcar, mas quando têm um aspeto e uma sensação viscosos, não precisa de hesitar em colocá-las no caixote do lixo.

Devido ao teor naturalmente elevado de açúcar dos frutos, as tâmaras podem atrair visitantes indesejados, como ácaros, insectos e fungos, durante o amadurecimento, a colheita, a pós-colheita e o armazenamento. Colocar as tâmaras num recipiente selado ou num saco com vácuo é a melhor forma de manter estas pragas afastadas.

Antes de dar uma dentada nas tâmaras, verifique a camada exterior da pele do fruto. Se notar pequenos pontos castanhos, é provável que haja insectos no fruto e é melhor abri-lo para o inspecionar melhor.

Os insectos que feriram as palmeiras

Scientific name	English name
Rhynchophorus ferrugineus Oli.	Red palm weevil
Parlatoria blanchardii Targ.	Parlatoria date scale
Maconellicoccus hirsutus Green	Mealy Bugs
Ommatssus binotatus Lybicus De Berg.	Date palm dubas

Rhynchophorus ferrugineus

Nano-partículas como bio-agente de controlo do gorgulho da palmeira vermelha

O gorgulho vermelho da palmeira (RPW), *Rhynchophorus ferrugineus* Olivier, é a maior praga de várias espécies de palmeiras. O RPW causa graves danos aos cocos no Sudeste Asiático.

Recentemente, os agentes patogénicos de *Rhynchophorus ferrugineus* têm sido amplamente estudados para avaliar o seu potencial como agentes de controlo biológico (Sabry, et al., 2011, Salama e Abd-Elgawad 2002, Shaiju-Simon, et al., 2003).

Metarhizium anisopliae foi isolado de *R. bilineatus,* após tratamento de palmeiras jovens contra o *escarabeídeo Scapanes australis* com uma formulação à base de esporos *de M. anisopliae*[12] ' No Irão, *M. anisopliae* foi isolado de adultos e *Beauveria bassiana* (Bals.) Vuill. de pupas (Batta, 2004).

Beauveria sp. foi associada a alguns casulos de *R. ferrugineus* (Shaiju-Simon, et al., 2003).

A utilização de fungos entomopatogénicos como agentes de biocontrolo contra muitas espécies de gorgulhos foi avaliada (Batta, 2004, Ihara, et al., 2003 Kehat, 1999)' Adultos e larvas foram contaminados com *B. bassiana* e *M. anisopliae*, o que resultou numa mortalidade de 50-100% (Glare, 2002). Utilizou alguns fungos entomopatogénicos para controlar muitas pragas (Abdel-Raheem, 2005, 2011, 2013, Abdel-Raheem, et al., 2009, 2011, 2015 2016, 2019, 2020).

O potencial dos fungos entomopatogénicos como agentes de biocontrolo contra várias espécies de gorgulhos foi avaliado (Abdel-Raheem e Lamya, 2017, Mohamed Abdel-Raheem, 2017). A transmissão mecânica passiva de fungos em populações de insectos foi observada para vários fungos entomopatogénicos, *e.g. B. bassiana, M. anisopliae* e *Paecilomyces fumosoroseus* (Sabbour e Abdel- Raheem, 2014) os adultos foram contaminados com esporos *de B. bassiana* ou *M. anisopliae* transferiram a infeção fúngica para as larvas, o que resultou em 50,100% de mortalidade larval (Mohamed Abdel-Raheem, et al., 2016, 2019, 2020).

O Rhynchophorus ferrugineus é uma das pragas mais graves das espécies de palmeiras que atacam as tamareiras (Giblin-Davis, 2001). Desenvolve-se no tronco da tamareira e subsequentemente destrói o sistema vascular, causando o colapso e a morte da árvore. *A R. ferrugineus* propaga-se na Europa, Oceânia, África e Ásia. No Sudeste Asiático, *a R. ferrugineus* causou graves danos aos cocos, Giblin-Davis, (2001).

Nos anos 80, apareceu no Médio Oriente. A primeira infestação na Jordânia foi em 1999, Khan e Gangapersad, (2001). Os adultos de . *R. ferrugineus* são atraídos pelas partes danificadas e moribundas das palmeiras, Ferry e Gomez, (2002). Os ovos são postos na superfície da palmeira. As fases de vida são encontradas na mesma palmeira, Ferry e Gomez, (2002) e Soroker, et al. (2005).

Parasitas naturais e agentes patogénicos de *R. ferrugineus* foram estudados como agentes de controlo biológico, Salama, et al. (2004), Mohamed Abdel-Raheem, (2019) e Shamseldean, (2004). Cerca de 95 isolados de vários microrganismos isolados de *Rhynchophorus* spp encontrados em *R. ferrugineus* mortos, apenas três isolados eram fungos entomopatogénicos, Salama, et al. (2004) e Zaki e Abdel-Raheem (2010). *M. anisopliae* e *B. bassiana* foram isolados de *R. bilineatus* na Nova Guiné e no Irão, Ghazavi e Avand-Faghih, (2002). *Beauveria* sp. foi encontrada associada a casulos de *R. ferrugineus,* Shaiju-Simon, et al. (2003).

Os fungos entomopatogénicos infectam o hospedeiro por contacto, penetrando através da cutícula do inseto. O hospedeiro pode ser infetado por tratamento direto, por transmissão de inóculo de insectos tratados, cadáveres para insectos não tratados, ou pela nova geração de esporos, Quesada-Moraga, et al. (2004), Batta, (2004), Ihara, et al. (2003) .

As populações foram observadas para vários fungos entomopatogénicos, *por exemplo, B. bassiana, M. anisopliae* e *P. fumosoroseus),* Quesada-Moraga, et al. (2004), e Furlong e Pell, (2001). As larvas e os adultos foram contaminados com *B. bassiana* e *M. anisopliae*, cuja % de mortalidade atingiu 50-100, Glare, et al. (2002).

Fungos, bactérias, algas e extractos de plantas são conhecidos por sintetizar nanopartículas de prata (Ag NPs), Borase, (2014), Nisha, et al. (2017), e Nadaf e Kanase, (2016). Fungos como as espécies de *Verticillium* são conhecidos por produzir Ag NPs, Borase, (2014), Praneehdevi, et al. (2013) e Zonorodiam, (2016).

O género *Bacillus* contém agentes anatagonistas chave para muitos insectos fitófagos (Salama et al. 2004), muitas espécies de *Bacillus* têm sido utilizadas em programas de controlo biológico. As espécies de *Bacillus* sintetizam proteínas com atividade inseticida (Nicola et al. 2015).

Naji Mordi et al. (2016) isolaram e caracterizaram espécies de *Bacillus* a partir de adultos mortos do gorgulho da palmeira vermelha. As NPs que utilizam micróbios têm vantagens como o facto de serem limpas, não tóxicas, amigas do ambiente, e também é possível à temperatura e pressão ambiente.

Recentemente, os esforços de investigação apontam para o potencial da síntese ecológica de NPs metálicas, principalmente NPs Ag, para utilização contra um vasto espetro de espécies de pragas nocivas, quer em laboratório quer no terreno.

Por exemplo, Jayaseelan et al. (2011) relataram que as NPs de Ag sintetizadas pelo extrato aquoso de folhas de *Tinospora cordifolia* (Thunb.)

causaram a mortalidade completa dos adultos do piolho da cabeça, *P. humanus capitis* De Geer, após 1 h de exposição a 25 mg/l. As NPs de Ag influenciaram negativamente o crescimento (ou seja, peso larval e período de desenvolvimento, peso de pupa e peso de adulto) de ambas as espécies como resultado das alterações fisiológicas no corpo dos insectos devido à presença de NPs (Yasur e Usha Rani 2015).

As NPs de Ag sintetizadas por filtrado extracelular do fungo entomopatogénico *Trichoderma harzianum* Rifai (Hypocreales: Hypocreaceae) resultaram em 92, 96 e 100% de mortalidade de larvas ou pupas de 1°, 2° e 3°-4° instar de *A. aegypti,* respetivamente, a 0,25% de concentração após 24 h de exposição (Sundaravadivelan e Padmanabhan 2014, Abdel-Raheem, et al., 2020).

As palmeiras são um recurso importante para muitas sociedades na região do Médio Oriente e do Norte de África. Atualmente, o número de palmeiras é de cerca de 120 milhões de árvores (FAO 2013), 70% das quais se encontram nos países árabes (El-Juhany 2010).

Rhynchophorus ferrugineus é uma praga grave de numerosas espécies de palmeiras em muitos países (Hussain *et al.* 2013), bem como no Egito (Saleh 1992). Foram experimentados insecticidas sintéticos para gerir as populações de *R. ferrugineus* (Al- Shawaf *et al.* 2010; Shar *et al.* 2012; Aljabr *et al.* 2014).

Embora vários insecticidas sejam considerados potentes, a poluição ambiental e o desenvolvimento de resistência aos insecticidas limitam a sua eficácia contra o gorgulho da palmeira vermelha (Kamel *et al.* 2007; El-Saeid & Al-Dosari 2010; Al- Ayedh *et al.* 2016).

Al-Ayedh *et al.* (2016) mencionaram que os pesticidas sintéticos não proporcionam um controlo eficaz de *R. ferrugineus*. Cerca de 90% dos pesticidas agrícolas nunca chegam aos organismos-alvo (Moses *et al.* 1993). A mobilidade ambiental causa a contaminação de vários compartimentos ambientais mencionados por (Mansour 2008; Rechcigl & Rechcigl 2000; Chowdhurry *et al.* 2009; Tawtsin, *et al.* 2001).

A nanotecnologia é utilizada para o desenvolvimento de biopesticidas, fertilizantes e muitos outros objectivos (Debnath *et al.* 2012; Scarfato *et al.* 2007).

As nanopartículas têm grandes áreas de superfície, podem adsorver e ligar-se a muitos compostos, circular em sistemas de insectos/lepidópteros (Barik *et al.* 2008). Os pesticidas botânicos podem ser uma melhor opção (Hammer *et al.* 2006). Os terpenos têm propriedades antifeedantes e tóxicas para os insectos (Gonzalez-Comoma *et al.* 2005). O alfa-pineno encontrado em muitos óleos essenciais tem actividades como repelente e antifeedante (Fan *et al.* 2011, Wang *et al.* 2007; Owolabi *et al.* 2009; Regnault-Roger *et al.* 1993).

Salem *et al.* 2017, uso de alguns inseticidas de origem vegetal em *Scritothrips citri* Moulton (Thysanoptera, Thripidae) na redação de distorções de frutas de laranja para exportação. O linalol é um álcool terreno encontrado em muitas flores e plantas de especiarias, também exibe propriedades fumigantes e tóxicas de contacto em pragas de produtos armazenados, (Loh *et al.* 2011; Abdelgaleil *et al.* 2009; Kostic *et al.* 2008; Dayan *et al.* 2009).

As substâncias botânicas activas são uma área importante da investigação agrícola. As formulações de nano são capazes de proteger as substâncias botânicas da degradação (Barik *et al.* 2008). Além disso, os nano-compósitos foram eficazes na redução da lixiviação e na foto-estabilização do herbicida trifluralina (El-Nahhal *et al.* 2001; Boehm *et al.* 2003). A formulação de emulsões melhorou a estabilidade do pesticida insolúvel em água, b-cipermetrina (Wang *et al.* 2007). As microcápsulas carregadas de extrato de alho aumentaram a toxicidade para as pragas de produtos armazenados (Yang *et al.* 2009; Iconaru *et al.* 2012).

As nanopartículas têm uma vasta gama de aplicações industriais e biológicas (Majumder *et al.* 2007). Além disso, as nanopartículas de sílica (SNPs) foram utilizadas como entomotóxico contra *Sitophilus oryzae* (L.) (Debnath *et al.* 2011). As SNPs estavam a impedir o crescimento do vírus da poliedrose nuclear de *Bombyx mori* (L.) (Rahman, *et al.*, 2009 e Debnath, *et al.*, 2012).

As nano partículas de sílica foram utilizadas para o controlo de insectos como sinergistas de compostos botânicos (Pathipati *et al.* 2014). Por conseguinte, é essencial reduzir a utilização de pulverizações de pesticidas sintéticos, utilizando produtos naturais seguros e amigos do ambiente. Os óleos essenciais são comprovadamente fontes potenciais de compostos alternativos.

Estes óleos são conhecidos por serem amigos do ambiente (Isman 2006; Dayan *et al.* 2009; Malik *et al.* 2016; Abdel-Rahman &Abdel-Raheem 2018).

A tamareira, *Phoenix dactylifera* L., é a mais comum e amplamente cultivada nas regiões áridas do Médio Oriente e do Norte de África. Em muitas zonas, o fruto da tamareira tem sido, desde há muito tempo, o alimento estável em hidratos de carbono das populações locais (Jones,1995).

O gorgulho vermelho da palmeira (RPW) Rhynchorphorus ferrugineus (Olivier) (Coleoptera: Curculionidae) foi descrito pela primeira vez na Índia como uma praga grave do coqueiro (Lefroy, 1906) e, mais tarde, foi registado em tamareiras (Lal, 1917; Buxton, 1918).

Durante a última década do século XX, um novo inseto praga muito grave, nomeadamente o gorgulho vermelho da palmeira, *R. ferrugineus*, foi registado pela primeira vez em plantações de tamareiras no Egito (Saleh, 1992; e Saleh e Gouhar, 1993).

É provável que a origem desta praga seja o Sudeste Asiático, principalmente o Paquistão, a Índia, a Birmânia, o Bangladesh e a Indonésia, tal como foi referido pelo Instituto Internacional de Entomologia de Londres

(Liver, 1969), tendo-se propagado mais tarde a muitos outros países onde se cultivam tamareiras, como o Irão e os países árabes: Iraque, Arábia Saudita, Emirados e, recentemente, o Egito.

Este gorgulho foi registado em 19 espécies de palmeiras pertencentes a 15 géneros diferentes (Barranco et al., 2000; EPPO, 2008 e Dembilio et al., 2009). O (RPW), é uma broca de tecidos invasiva economicamente importante que tem uma ampla gama de hospedeiros restrita a palmeiras, principalmente árvores jovens com menos de 20 anos de idade (Wattanapongsiri 1966); Kaakeh, 2005 e Faleiro, 2006).

O gorgulho vermelho da palmeira é uma broca de tecido oculto e passa todas as suas fases de vida no interior da palmeira. De acordo com Abraham (1998), os sintomas de danos podem ser classificados de acordo com um ou mais dos seguintes factores presença de túneis no tronco e na base dos pecíolos das folhas feitos pelas larvas que se alimentam, escorrimento de um fluido espesso amarelo a castanho da árvore, aparecimento de tecidos vegetais mastigados dentro e à volta de aberturas no tronco, presença de um odor fermentado do fluido dentro de túneis infestados no tronco, presença de adultos e casulos nas axilas das folhas, casulos vazios caídos no chão à volta da palmeira, quebra do tronco ou queda da copa quando a palmeira está severamente infestada. A duração de todos os parâmetros de vida varia significativamente (Kaakeh, 2005).

O ciclo de vida completo demora cerca de 45 a 298 dias, dependendo das condições climatéricas. A atividade sazonal de RPW varia entre meses e dentro do mesmo mês, (El-Garhy,1996). Podem observar-se várias gerações sobrepostas dentro de uma palmeira infestada (Faleiro, 2006).

Foram desenvolvidas e testadas diferentes dietas naturais para a criação em massa de RPW (Kaakeh, 2005).

O controlo da ferrugem-da-rocha é difícil devido à natureza oculta do ciclo de vida da praga. A estratégia de Gestão Integrada de Pragas (GIP) tem sido aplicada com sucesso para lidar com o problema da RPW (Faleiro, 2006 e Justin et al., 2008).

Muitos estudos efectuados sobre a RPW exigiram um grande número de gorgulhos de várias fases, pelo que a criação é necessária para resolver o problema.

Rhynchophorus ferrugineus Olivier (Coeloptera: Curculionidae) é a praga mais importante da tamareira *(Phoenix dactylifera)* em todo o mundo. É nativa do sul da Ásia e da Melanésia, onde é uma praga grave dos cocos *(Cocosnucifera),* e está regulamentada e é uma praga na UE.

Desde a década de 1980, tem vindo a expandir rapidamente a sua área geográfica para oeste. Chegou à Arábia Saudita e aos Emirados Árabes Unidos por volta de 1985, espalhando-se por todo o Médio Oriente e até ao Egito.

Em 1994, foi detectada em Espanha e, em 1999, em Israel, na Jordânia e nos Territórios da Autoridade Palestiniana. Desde então, espalhou-se pelas Ilhas Baleares (2006), Ilhas Canárias (2005), Chipre (2006), França (2006), Grécia (2006), Itália (2004) e Turquia (2007). Os dois principais

As espécies de palmeiras que suscitam preocupação na região mediterrânica são a tamareira e a tamareira das Ilhas Canárias (*P. canariensis*), as principais espécies cultivadas e ornamentais, mas também ataca várias outras palmeiras ornamentais que são regularmente importadas para a Grã-Bretanha, como a tamareira *(Trachycarpus fortunei).*

A Comissão Europeia introduziu medidas de emergência para evitar a propagação *de R. ferrugineus* na comunidade. Desde a sua introdução no Egito em 1992 (Cox, 1993), milhares de árvores saudáveis foram danificadas ou perdidas (El-Sebaey, 2004).

Em plantações infestadas, estima-se que os rendimentos diminuam de

10 toneladas para 0,7 toneladas por hectare (Singh e Rethinam, 2005). Para além disso, *o R. ferrugineus* é um voador forte. Este facto aumenta a capacidade do gorgulho para se dispersar, colonizar e reproduzir em novos locais (Murphy e Briscoe, 1999).

No entanto, a longevidade, a atividade e o comportamento dos gorgulhos adultos são grandemente afectados pela humidade. Ao contrário de outros agentes patogénicos dos insectos, os fungos infectam o hospedeiro por contacto, penetrando na cutícula do inseto.

O hospedeiro pode ser infetado tanto por tratamento direto como por transmissão de inóculo de insectos ou cadáveres tratados para insectos não tratados ou para fases de desenvolvimento subsequentes *através da* nova geração de esporos (Lacey *et al* (2004), Qesada-Moraga *et al* (2004)). Estas caraterísticas únicas tornam os fungos entomopatogénicos especialmente importantes para o controlo de insectos escondidos. No caso de *Rhynchophorus* spp., a maior parte do ciclo de vida passa-se dentro do tronco da árvore, tornando a praga inacessível ao tratamento por contacto direto. Os adultos são a única fase exposta e podem ser infectados logo após a emergência.

Resta saber se o adulto tratado irá efetivamente transmitir a infeção e, em caso afirmativo, qual a melhor forma de a tratar e onde.
As estirpes de *M. anisopliae* e *Paecilomyces fumosoroseus* foram patogénicas para os adultos de *C. capitata* em bioensaios laboratoriais (Castillo *et al.,* 2000). Konstantopoulou e Mazomenos (2005) relataram que a utilização dos fungos *B. bassiana* e *B. brongniartii* foram os mais patogénicos para *C. capitata*, causando 97,4 e 85,6% de mortalidade. *M. anisopliae* causou uma alta taxa de mortalidade para adultos de *C. capitata* e *B. oleae* e a taxa de mortalidade larval foi de 85,2%.

No Egito, Mohamed (2009) referiu que os fungos *Lecanicillim lecanii* e *M. anisopliae*, e a interação entre os fungos *B. bassiana* e *M. anisopliae* são candidatos adequados para serem utilizados no controlo de *P. oleae.* O P.f é um inseticida relativamente novo, constituído por dois compostos orgânicos complexos, a espinosina A (direita) e a espinosina D.

Estes compostos são produzidos por certos micróbios que foram descobertos pela primeira vez num solo encontrado numa fábrica de rum abandonada. O espinosade é um inseticida orgânico de largo espetro. No entanto, é relativamente pouco tóxico para os mamíferos e os insectos benéficos. Se for utilizado com cuidado, apenas os insectos que comem algo que foi tratado, como uma folha, são afectados. Isto é diferente de muitos outros insecticidas de largo espetro que são tóxicos se o inseto apenas entrar em contacto com resíduos secos de inseticida Qiao *et al.*(2012).

Isolados contra RPW em condições laboratoriais e de campo. É necessário encontrar insecticidas de segurança alternativos para reduzir as doses pesadas de insecticidas químicos. O buraco é cimentado à superfície. As larvas eclodidas fazem um túnel e alimentam-se dos tecidos circundantes, destruindo-os. A pupação ocorre dentro de um casulo. Nas árvores jovens, os casulos encontram-se na base do tronco da palmeira, perto ou abaixo da superfície do solo. Normalmente, todas as fases de vida, incluindo os adultos, estão presentes na mesma palmeira (Ferry e Gomez, 2002).

Com exceção dos adultos, o ciclo de vida da RPW está maioritariamente escondido no tronco da árvore, pelo que a deteção da infestação e o tratamento das árvores infestadas são problemáticos. Os métodos atualmente recomendados para a gestão da ferrugem-da-rocha envolvem a monitorização e a captura em massa de adultos com iscos de feromonas, controlo cultural e tratamentos químicos (Abraham, *et al.,* 1988 e Soroker, *et al.,* 2005).

É do conhecimento geral que o tratamento químico intensivo leva ao desenvolvimento de resistência, pelo que devem ser considerados métodos alternativos. Recentemente, os parasitas e agentes patogénicos naturais da

RPW foram amplamente estudados para avaliar o seu potencial como agentes de controlo biológico (Salama e Abd-Elgawad, 2002, Salama, *et al.,* 2004 e Shamseldean, 2004). Os fungos entomopatogénicos raramente são isolados de *Rhynchophorus* spp.: de 95 isolados de vários microrganismos que foram encontrados em RPWs mortos e nos seus habitats naturais, apenas três isolados eram fungos (Salama, *et al*., 2004).

Metarhizium anisopliae (Metsch.) Sorokin foi isolado de *R. bilineatus* na Nova Guiné, após tratamento de palmeiras jovens contra o *escarabeídeo Scapanes australis* com uma formulação à base de esporos *de M. anisopliae* (Prior e Arura, 1985).

No Irão, *M. anisopliae* foi isolado de adultos e *Beauveria bassiana* (Bals.) Vuill. de pupas (Ghazavi e Arand-Faghih, 2002). Além disso, um fungo que foi identificado como *Beauveria* sp. foi associado a alguns casulos de *R. ferrugineus* e infectou os adultos que emergiram numa criação artificial (Shaigu-Simon, *et al.,* 2003). Ao contrário de outros agentes patogénicos dos insectos, os fungos infectam o hospedeiro por contacto, penetrando na cutícula do inseto. O hospedeiro pode ser infetado tanto por tratamento direto como por transmissão de inóculo de insectos ou cadáveres tratados para insectos não tratados ou para fases de desenvolvimento subsequentes através da nova geração de esporos (Lacey, *et al.,* 1999 e Quesada *et al.,* 2004). Estas caraterísticas únicas tornam os fungos entomopatogénicos especialmente importantes para o controlo de insectos escondidos. No caso de *Rhynchophorus* spp., a maior parte do ciclo de vida passa-se dentro do tronco da árvore, tornando a praga inacessível ao tratamento por contacto direto. Os adultos são a única fase exposta e podem ser infectados quando emergem. Resta saber se o adulto tratado transmitirá efetivamente a infeção e, em caso afirmativo, qual a melhor forma de o tratar e onde. Foi avaliado o potencial dos fungos entomopatogénicos como agentes de biocontrolo contra várias espécies de gorgulhos (Batta, 2004, Ihara, *et al.,* 2003 e Kehat, 1999). A transmissão mecânica passiva de fungos dentro de populações de insectos foi observada para vários fungos entomopatogénicos, por exemplo, *B. bassiana, M. anisopliae* e *Paecilomyces fumosoroseus* (Furlong e Pell, 2001, Lacey, *et al.,* 1999 e Quesada *et al.,* 2004). Nestes estudos, os adultos eram frequentemente a fase mais adequada ou mesmo a única possível para o tratamento. A aplicação bem sucedida de fungos através dos adultos foi comprovada por experiências com a broca-do-orifício, Platypus spp.: os adultos contaminados com esporos *de B. bassiana* ou *M. anisopliae* transferiram a infeção fúngica para as larvas, o que resultou numa mortalidade larvar de 50100% (Glare, *et al.,* 2002).utilizou alguns fungos entomopatogénicos para controlar muitas pragas (Abdel-Raheem, 2005, Abdel-Raheem, 2011, Abdel-Raheem, *et al.* 2009, Zaki e **Abdel-Raheem 2013).**

Classificação científica

Rhynchophorus ferrugineus

Classificação científica

Reino: Animália

Filo: Arthropoda

Classe: Insectos

Ordem: Coleópteros

Família: Curculionidae

Género: *Rhynchophorus* Herbst, 1795

Distribuição geográfica

Argélia, Aruba, Bangladesh, Barém, Camboja, China, Chipre, **Egito**, França, Geórgia, Grécia, Índia, Indonésia, Irão, **Iraque**, Itália, Japão, Jordânia, **Kuwait**, Laos, Malásia, Malta, Mónaco, **Marrocos**, Myanmar, **Omã**, Paquistão, Papua-Nova Guiné, Filipinas, Portugal, **Qatar**, **Arábia Saudita**, Singapura, Eslovénia, Ilhas Salomão, Espanha, Sri Lanka, **Síria**, Taiwan, Tailândia, **Tunísia**, Turquia, **Emirados Árabes** Unidos, Vietname e Estados Unidos.

Anfitriões

R. ferrugineus é essencialmente uma praga de palmeiras (Arecaceae), tendo sido registada em *Areca catechu, Arenga pinnata, Borassus flabellifer, Calamus merillii, Caryota maxima, Caryota cumingii, Cocos nucifera, Corypha gebanga, Corypha elata, Elaeis guineensis, Livistona decipiens, Metroxylon sagu, Oreodoxa regia, Phoenix canariensis, Phoenix dactylifera, Phoenix sylvestris, Sabal umbraculifera, Trachycarpus fortunei, Washingtonia* sp., *Agave americana* e cana-de-açúcar *Saccharum officinarum,* e a palmeira Majesty *Ravenea rivularis* (novo registo em Chipre).

Morfologia/Biologia

Todas as fases (ovo, larva, pupa e adulto) são passadas no interior da própria palmeira e o ciclo de vida não pode ser completado noutro local.

Ovo

As fêmeas depositam cerca de 300-500 ovos em buracos separados que produziram enquanto procuravam alimento ou ferimentos na palma ou aproveitam as fendas ou feridas numa palma recentemente cortada.

Aquando da oviposição, as fêmeas dobram-se para cima e os tarsos são fixados ao tecido com os espinhos do terceiro par de patas para empurrar o ovipositor para o tecido duro da palmeira. Após a postura, a fêmea protege e fixa os ovos com uma secreção que endurece rapidamente à volta dos ovos.

Em média, as fêmeas produzem 210 ovos por ninhada, a maioria dos quais eclodem num período de 2 a 5 dias. Os ovos são brancos, cilíndricos, brilhantes, de forma oval e medem 1 a 2,5 mm. A parte de trás destes ovos possui estruturas especiais de "cobertura branquial" que fornecem oxigénio ao inseto em desenvolvimento.

Larva

Até 35 mm de comprimento; cabeça castanha, corpo branco composto por 13 segmentos; peças bucais bem desenvolvidas e fortemente quitinizadas; comprimento médio das larvas adultas 50 mm e largura (no meio) 20 mm.

As larvas neonatas são branco-amareladas, segmentadas, sem patas e têm uma cápsula quitinosa na cabeça (caraterística dos curculionídeos) que é castanha mais escura do que o resto do corpo.

Possuem mandíbulas cónicas horizontais poderosas que utilizam para escavar desde as axilas das folhas até à coroa, onde se alimentam vorazmente. As larvas recém-eclodidas (larvas) não têm pernas e penetram no interior das palmeiras, movendo-se através de contracções musculares peristálticas do corpo e alimentando-se dos tecidos moles e suculentos, rejeitando todo o material fibroso. As larvas podem passar por 3-7 instares. O período de desenvolvimento larvar varia de 1 a 3 meses.

Pupa/cocoon

Caixa pupal 50-95 x 25-40 mm; fase pré-pupal de 3 dias e período pupal de 12-20 dias; pupas de cor creme, depois castanha, com superfície brilhante, muito sulcada e reticulada; tamanho médio 35 mm x 15 mm.

Após a conclusão do desenvolvimento larvar, a larva emerge por vezes do tronco da palmeira e constrói uma caixa pupal de fibras extraídas das galerias no interior da palmeira. A larva sofre então a metamorfose em adulto.

A larva tece também um invólucro pupal na base das folhas das palmeiras, no interior do próprio Irond ou no centro da base da planta. As larvas pupam em casulos alongados, ovais e cilíndricos, constituídos por fios fibrosos. No final do período de pupação, que dura 14 a 21 dias, surgem os gorgulhos adultos.

Adulto. Castanho avermelhado, cerca de 35 x 10 mm , com rostro longo e curvo; manchas escuras na parte superior do tórax; a cabeça e o rostro representam cerca de um terço do comprimento total.

No macho, metade apical dorsal do rostro coberta por uma mancha de pêlos curtos acastanhados; na fêmea, rostro nu, mais delgado, curvo e um pouco mais comprido do que no macho. O adulto é um excelente voador e é capaz de percorrer grandes distâncias.

O gorgulho adulto permanece no interior do casulo durante 4-17 dias (em média 8 dias). O gorgulho torna-se sexualmente maduro durante este período de inatividade. Os adultos vivem 2-3 meses, independentemente do sexo. Em cativeiro, o tempo máximo de vida do adulto foi de 76 dias para a fêmea e de 113 dias para o macho. A taxa potencial de multiplicação da RPW foi estimada como sendo elevada, tendo sido referido que uma única fêmea pode dar origem a mais de cinco milhões de gorgulhos em quatro gerações, num período de 14 meses.

No Egito, foi relatado que o gorgulho tem três gerações por ano, sendo a geração mais curta (primeira) de 100,5 dias e a mais longa (terceira) de 127,8 dias. Assim, o ciclo de vida é de cerca de 4 meses.

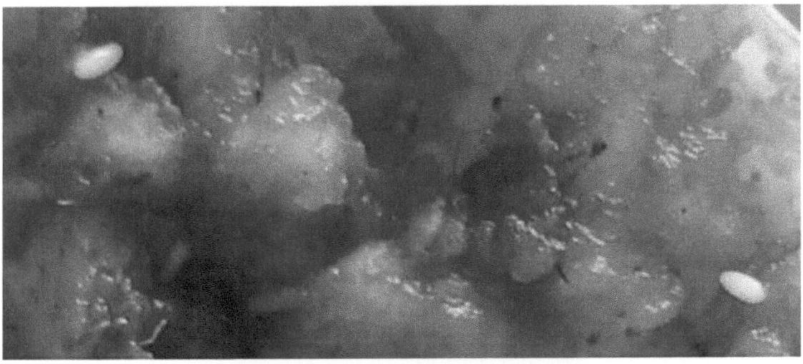

Fig.(8):Ovos de *R. ferrugineus*

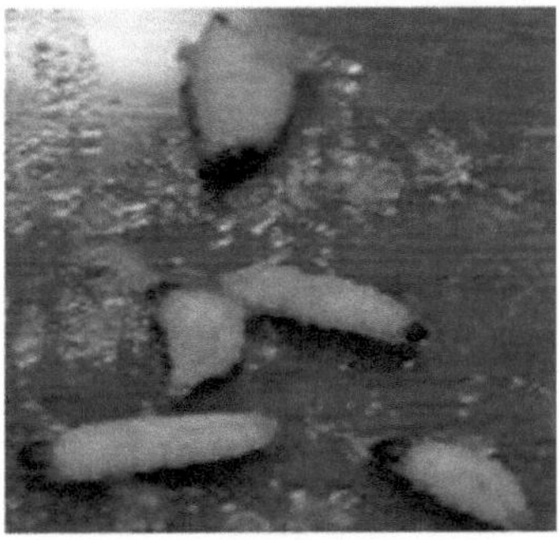

Fig.(9):Larvas eclodidas de *R. ferrugineus*

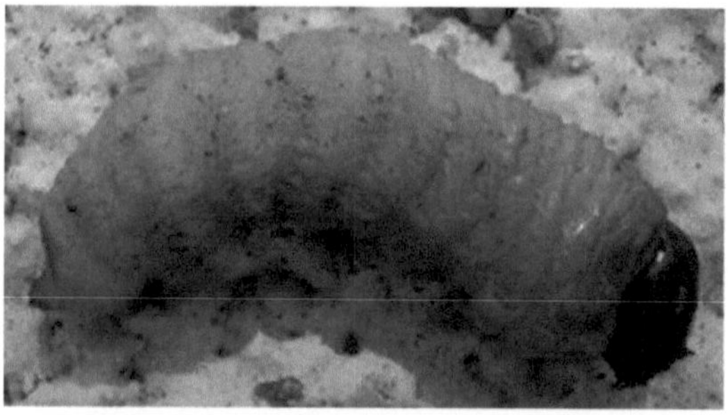

Fig.(10):Larva de *R. ferrugineus*

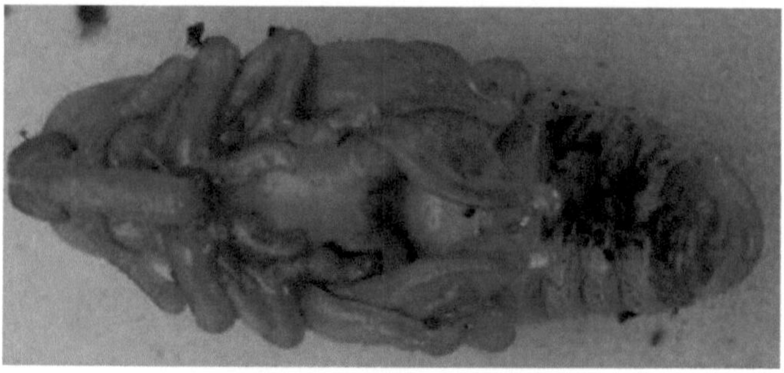

Fig.(11):Pupa de *R. ferrugineus*

Fig.(12): Casulos de *R. ferrugineus*

Fig.(13): Base da folha danificada por *R. ferrugineus*

Fig.(14): Danos totais da palmeira

Fig. (15): Pupa e casulo aberto de *R. ferrugineus*

Danos

Os danos causados pela alimentação das larvas podem ser facilmente reconhecidos. Geralmente, a serradura encontra-se na coroa da palmeira ou no caule.

As folhas são mastigadas e apresentam perfurações. Formam-se galerias no interior do caule. Além disso, observa-se um desenvolvimento aberrante dos gomos das folhas, bem como caules virados. As palmeiras afectadas secam e rapidamente murcham.

Os principais sintomas são a deformação das folhas, algumas das quais se apresentam abauladas, de cor amarela e entediadas. As larvas perfuram galerias no caule ou nas folhas jovens, causando danos caraterísticos. Estas palmeiras apresentam um declínio geral. Observando estas palmeiras infestadas, vêem-se tampões de detritos (como serradura) no tronco e na copa das palmeiras. Os detritos são visíveis na extremidade mais externa das galerias que as larvas perfuraram no interior do tronco ou das folhas.

Ciclo de vida de *R. ferrugineus*

Duração da fase de ovo Os casulos do gorgulho da palmeira vermelha (RPW) foram colocados em recipientes como descrito anteriormente, tendo sido mantidos até ao aparecimento dos adultos. Os adultos recém-emergidos (20 pares de gorgulhos machos e fêmeas recém-emergidos) foram recolhidos e criados nos recipientes com diferentes dietas.

Os insectos foram deixados durante uma semana para copular, os ovos postos pelas fêmeas foram removidos diariamente, descascando os tecidos fibrosos e recolhendo os ovos com uma escova de pelo macio n.º zero (escova de camelo), (El-Zoghby e Naglaa F. Abdel-Hameid, 2018).

Fig.(16): (a) Ovos , (b) Larvas , (c) Pupa (d) Adulto *de R. ferrugineus*

Os ovos foram transferidos com a escova de pelo de camelo e

colocados em papéis de filtro húmidos para evitar a secagem dentro das placas de Petri para estudos posteriores, onde os ovos foram monitorizados até à eclosão. Estavam disponíveis muitos ovos recém-colocados quase da mesma idade (0,0-24 horas de idade) para iniciar a primeira geração de insectos.

As placas de Petri foram colocadas numa incubadora no laboratório (28±1°C, 75±5%R.H.) e inspeccionadas diariamente para observar a eclosão dos ovos. A viabilidade dos ovos foi determinada através da contagem do número de ovos eclodidos por cada 100 ovos. Após 3 a 4 dias, as larvas dos ovos eclodidos foram removidas para pequenos copos separados (4 x 4 cm.) e receberam diferentes componentes de diferentes dietas que foram preparadas para alimentação (El-Zoghby e Naglaa F. Abdel-Hameid, 2018).

Os caules da cana-de-açúcar foram cortados a partir do meio e divididos em pedaços. Os alimentos foram substituídos a cada 3 dias e os pedaços antigos foram confinados em recipientes separados durante sete dias antes de serem examinados para detetar ovos e/ou larvas de gorgulho. Os estágios dos gorgulhos foram examinados diariamente para verificar a mortalidade (El-Zoghby e Naglaa F. Abdel-Hameid, 2018).

Longevidade (tempos de desenvolvimento das larvas e dos adultos) Larvas recém-eclodidas de *R. ferruginosa* (n = 20) foram transferidas com uma escova de pelo de camelo para diferentes dietas. Os últimos instares larvares, alimentados com várias dietas, foram transferidos para pedaços de caule de cana-de-açúcar para fazer casulos.

O tamanho dos pedaços de caule de cana-de-açúcar dependeu do tamanho das larvas em diferentes estágios de desenvolvimento. Os últimos instares larvais fizeram casulos a partir das fibras no interior dos caules de cana-de-açúcar. Foram registados os seguintes parâmetros de desenvolvimento: período larvar, período pupal e longevidade dos adultos machos e fêmeas. Os contentores foram colocados lado a lado ou em cima uns dos outros em bancadas de trabalho.

Foram feitos poucos poros em todas as tampas das caixas e frascos para ventilação. Os machos e as fêmeas emparelhados foram mantidos juntos e, em seguida, os ovos depositados foram transferidos dos caules ralados da cana-de-açúcar, utilizando uma escova de pelo de camelo, e colocados em papéis de filtro húmidos dentro das placas de Petri. Número e duração dos instares larvais Para estudar o número de instares larvais, bem como a duração de cada instar, foram utilizadas 20 larvas recém-eclodidas, introduzindo cada larva num copo de plástico (4 x 4 cm.) e tapando-o firmemente com uma tampa perfurada.

As larvas foram inspeccionadas diariamente com lentes durante os três primeiros instares para registar a data da muda através da observação dos exúvios, enquanto que durante os outros instares as larvas eram de tamanho grande e os seus exúvios eram facilmente distinguidos a olho nu (El-Zoghby e Naglaa F. Abdel-Hameid, 2018).

Pupas Quando a larva se torna adulta, começa a formar um casulo a partir de fibras misturadas com uma saliva adesiva. Dentro do casulo formado, a larva passa pela fase de pupa.

Os pedaços de caule da cana-de-açúcar foram abertos e os casulos foram recolhidos. Os casulos de *R. ferrugineus* foram colocados num recipiente de plástico, foi fornecida água em abundância, conforme necessário, e fechados com tampas. Após a recolha dos casulos, estes foram verificados diariamente quanto ao aparecimento de adultos (El-Zoghby e Naglaa F. Abdel-Hameid, 2018).

Fig.(17): Larva de *R. ferrugineus* / Pupa de *R. ferrugineus*

Adultos

Os adultos foram sexados após a emergência dos casulos e mantidos separadamente em pequenos frascos de vidro de 1 litro (um par/caixa), antes do início das observações do acasalamento e da postura dos ovos. Após a emergência dos adultos dos casulos.

Estes frascos foram providos de pedaços de caule de cana-de-açúcar raspados e inspeccionados diariamente para registar a data de postura do primeiro ovo, bem como o número diário de ovos depositados até ao fim da vida da fêmea, para determinar a fecundidade da fêmea, a taxa de eclosão e a longevidade dos machos e das fêmeas. Quando a primeira fêmea recém-emergida começou a pôr ovos, a segunda geração foi iniciada nessa data, e assim sucessivamente. (El-Zoghby e Naglaa F. Abdel-Hameid, 2018).

Fig.(18): Adulto de *R. ferrugineus*

Fig.(19): Ciclo de vida (do ovo à fase adulta) do gorgulho vermelho da palmeira (RPW), Rynchophorus ferrugineus (Curculionidae). O número de dias pode variar consoante as condições ambientais

Este período foi influenciado pela alimentação com as diferentes dietas testadas. No que diz respeito à longevidade dos adultos de ambos os sexos emergidos de larvas alimentadas com as diferentes dietas testadas, os presentes resultados revelam obviamente que o tipo de dieta provou ser estatisticamente muito significativo na longevidade dos machos e das fêmeas. As médias mais longas de longevidade (96,8 dias para os machos e 91,24 dias para as fêmeas) foram obtidas com adultos emergidos de larvas alimentadas com uma dieta natural (pedaços de caule de cana de açúcar + resíduos alimentares da dieta RPW).

Rácio entre os sexos

a proporção entre os sexos dos adultos emergidos (como % de fêmeas emergidas) não foi significativamente afetada pelas variações no tipo de alimento larvar. A percentagem média mais elevada de fêmeas adultas (56,72) ocorreu entre adultos alimentados na fase larvar com pedaços de caule de cana-de-açúcar + resíduos alimentares da dieta RPW, enquanto a mais baixa (55,87 %) foi obtida no caso de alimentação larvar com pequenos pedaços de caule de cana-de-açúcar.

A fecundidade das fêmeas, o número de ovos depositados por uma única fêmea acasalada de larvas alimentadas com três dietas testadas, foi elevada e variou significativamente consoante a dieta utilizada. A partir dos resultados obtidos, a fecundidade dos insectos pode ser organizada de forma descendente da seguinte forma: 260,33, 198,76 e 191,70 ovos/fêmea resultaram de larvas alimentadas com dietas naturais (pedaços de caule de cana-de-açúcar + resíduos alimentares de RPW, pequenos pedaços de caules de cana-de-açúcar e pedaços de caule de cana-de-açúcar + fronde moída de tamareira, respetivamente). (El-Zoghby e Naglaa F. Abdel-Hameid, 2018).

A percentagem de eclosão dos ovos não foi significativamente afetada pelas variações no tipo de alimento das larvas. A percentagem média mais elevada de eclosão (86,01%) ocorreu com larvas alimentadas com (pedaços de caule de cana-de-açúcar + resíduos alimentares da dieta RPW), enquanto a mais baixa (83,62%) foi obtida no caso de (pedaços de caule de cana-de-açúcar + fronde moída de tamareira). Os resultados obtidos por Kaakeh et al., (2001) provaram que não se observou uma diferença significativa na percentagem de eclosão dos ovos de RPW em lãs de algodão com solução de mel e em placas de Petri forradas com papel de filtro humedecido, em comparação com outras dietas.

O sucesso das três dietas naturais testadas no fornecimento dos requisitos nutricionais necessários para a muda e o desenvolvimento baseou-se nos dados registados em vários parâmetros de vida de *R. ferrugineus* com estas dietas.

Os parâmetros de vida de *R. ferrugineus* incluíam os seguintes: fecundidade ou número de ovos por fêmea, viabilidade dos ovos ou percentagem de eclosão, período de desenvolvimento larvar, período pupal, percentagem de sobrevivência larvar, percentagem de emergência de adultos, fecundidade, fertilidade e rácio fêmea : macho. As tentativas anteriores feitas por vários investigadores seguiram várias etapas: A cana de açúcar foi um bom substituto do coco para a criação de *R. ferrugineus* (Rahalkar et al., 1972); a cana de açúcar foi posteriormente incorporada em ágar nutriente para alimentar larvas jovens e pedaços de caule de cana de açúcar para alimentar larvas mais velhas (Rananavare et al. 1975). Rahalkar et al. (1978, 1985) melhoraram a cultura de *R. ferrugineus* desenvolvendo uma dieta artificial contendo bagaço de cana de açúcar (fibra), bolo de coco, levedura, sacarose, minerais, vitaminas e conservantes. (El-Zoghby e Naglaa F. Abdel-Hameid, 2018).

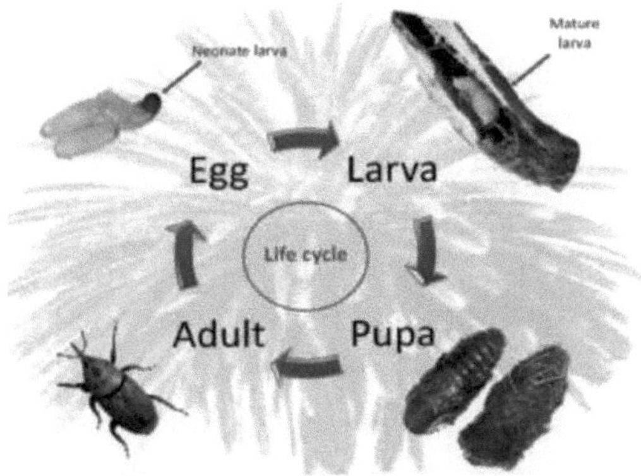

Fig.(20): Ciclo de vida de *Rhynchophorusferrugineus,* *Depende principalmente das condições ambientais

Descrição

Os adultos são grandes, com cerca de 35 mm de comprimento e 10 mm de largura, embora possam atingir 42 mm e 16 mm de largura, com um longo rostro (uma projeção alongada da parte frontal da cabeça), caraterística dos gorgulhos.

São de cor castanho-avermelhada com marcas escuras variáveis no pronoto (secção do corpo atrás da cabeça).

Os ovos são amarelo-esbranquiçados, lisos, brilhantes, cilíndricos, com extremidades arredondadas, ligeiramente mais estreitos na extremidade anterior, com cerca de 3 mm de comprimento e 1 mm de largura.

As larvas não têm pernas, têm um corpo branco-creme e uma cápsula dura da cabeça castanha, e crescem até 50 mm de comprimento. As asas, as pernas e outros apêndices podem ser vistos na pupa.

A pupação ocorre num casulo alongado, oval e cilíndrico, feito de fios fibrosos, com cerca de 40 mm de comprimento.

Biologia

Todas as fases do ciclo de vida podem ser passadas no interior da palmeira hospedeira. Cada fêmea adulta deposita entre 200 a 300 ovos em buracos ou cavidades separadas na planta hospedeira.

Os ovos eclodem em dois a cinco dias e as larvas penetram no interior das palmeiras, alimentando-se dos tecidos moles e suculentos, eliminando todo o material fibroso. O período larvar varia de 36 a 78 dias (média de 55 dias), dependendo da temperatura e da espécie hospedeira. A pupação ocorre num casulo fibroso e os gorgulhos adultos emergem 2-3 semanas após a pupação. Assim, o ciclo de vida completa-se em cerca de 4 meses.

Dispersão e deteção

É muito difícil detetar *R. ferrugineus* nas fases iniciais da infestação. Geralmente, só é detectado depois de a palmeira ter sido severamente danificada.

Os primeiros sintomas de ataque incluem entalhes de postura de ovos; casulos inseridos na base das palmeiras; uma coroa de crescimento excêntrico; buracos na base de palmeiras cortadas; sintomas semelhantes aos causados pela falta de água, tais como murchamento, dessecação e necrose da folhagem, escavação de túneis nos caules e no tronco. As larvas e os adultos destroem o interior da palmeira, muitas vezes sem que a planta mostre sinais de deterioração, exceto se os danos forem graves. A escavação do tronco reduz a sua resistência mecânica, tornando a planta suscetível de colapso.

Na maioria dos casos, o ataque às palmeiras *Phoenix* e a outras palmeiras provoca a morte das árvores, independentemente do seu tamanho. O exame visual permite a deteção dos sintomas mas não permite determinar se existem larvas e adultos no interior do tronco. Podem ser utilizadas armadilhas com feromonas, sistemas de deteção acústica ou sistemas de infravermelhos para detetar esta praga, Mohamed Abdel-Raheem, et al., 2016.

Impacto económico

Rhynchophorus ferrugineus é uma praga económica importante do coqueiro, da tamareira, da palmeira de óleo, do sagueiro e de uma série de palmeiras ornamentais. As plantas severamente atacadas apresentam uma perda total da folhagem e apodrecimento do tronco, o que acaba por resultar na morte da árvore.

Provou ser uma praga devastadora em muitas partes do Mediterrâneo, onde um grande número de palmeiras adultas em áreas urbanas e parques teve de ser removido, uma vez que as palmeiras infestadas podem colapsar e constituem um perigo para o público. Pode também ter um impacto social negativo em zonas como o Médio Oriente, onde a tamareira está intimamente associada à cultura e à religião.

Informações consultivas

Os centros de jardinagem e viveiros do Reino Unido precisam de estar conscientes do risco de *R. ferrugineus* quando compram palmeiras. Em 2007, a UE aprovou medidas de emergência para reduzir o risco de introdução e propagação do gorgulho vermelho das palmeiras na UE (2007/365/UE actualizada por 2007/365/UE). A decisão de emergência inclui uma lista de "plantas susceptíveis", ou seja, espécies de plantas que se sabe serem hospedeiras de *R. ferrugineus* (ver secção "plantas hospedeiras" acima); as medidas só se aplicam a palmeiras com um diâmetro do caule principal superior a 5 cm.

Quaisquer "vegetais susceptíveis" importados de fora da UE devem: ser provenientes de um país onde não se conhece a ocorrência de ***R. ferrugineus*** OU ter sido cultivados numa zona indemne de pragas oficialmente estabelecida OU ter sido cultivados sob proteção física total num local registado onde tenham sido submetidos a inspecções oficiais de três em três meses e imediatamente antes da exportação.

Todos os vegetais transportados para a UE devem ter sido cultivados num Estado-Membro onde não haja conhecimento da ocorrência de ***R. ferrugineus*** OU durante toda a sua vida numa zona oficialmente indemne de pragas OU cultivados durante dois anos num local com proteção física total e ter sido inspeccionados por funcionários de três em três meses.

Os importadores do Reino Unido devem garantir que as palmeiras que compram e vendem cumprem as medidas acima referidas, mas também devem ter em conta que outras palmeiras podem também estar infestadas e que todas as palmeiras devem ser monitorizadas para detetar quaisquer sinais de infestação. O Reino Unido está atualmente a procurar obter o estatuto de zona protegida contra esta praga.

Controlo de Rhynchophorus ferrugineus

A gestão de *R. ferrugineus* em tamareiras inclui várias tácticas, mas gira principalmente em torno da "armadilha de gorgulhos adultos utilizando armadilhas com feromonas, inspeção regular das palmeiras para detetar infestações, tratamentos preventivos e curativos com insecticidas e erradicação (remoção) de tamareiras severamente infestadas".

As outras componentes da estratégia de gestão da *R. ferrugineus* são o saneamento das culturas e dos campos, a aplicação de protocolos de quarentena rigorosos, a identificação e eliminação de locais de reprodução ocultos, a validação periódica da estratégia de controlo com base nas capturas de gorgulhos em armadilhas e relatórios de infestação, a formação de agricultores e outras partes interessadas sobre as melhores práticas mais recentes, para além da adoção de práticas agrícolas de mitigação *da R. ferrugineus* nas tamareiras, relacionadas com a densidade das palmeiras, a irrigação e a remoção de frondes e rebentos.

Monitorização da população

A monitorização da população de *R. ferrugineus* é essencial para localizar as palmeiras infestadas e para iniciar medidas de controlo o mais cedo possível. É possível realizar programas de vigilância eficazes em vastas extensões de plantações de tamareiras colocando armadilhas com feromonas alimentares ao longo das estradas, com uma armadilha por cada quilómetro dentro do oásis de tamareiras. A questão que os gestores de pragas frequentemente colocam é "se os programas de armadilhas de vigilância também precisam de ser efectuados em áreas onde a praga não existe". Isto dependeria da confiança no programa de controlo, incluindo a aplicação de regulamentos de quarentena em zonas onde a praga existe. No entanto, a fim de detetar precocemente a presença da praga, seria aconselhável aplicar um programa de controlo baseado em armadilhas com feromonas, pelo menos uma vez por ano, durante o pico de atividade do gorgulho (março a maio ou outubro a novembro), em zonas onde a praga não existe. A isto devem juntar-se programas de extensão intensivos para educar os agricultores e outras partes interessadas sobre os sintomas de danos nas tamareiras devidos ao *R. ferrugineus*, para além da aplicação de regulamentos de quarentena rigorosos para garantir a circulação de material de plantação isento da praga.

Fungos Entomopatogénicos

B. bassiana e *M. anisopliae*

O gorgulho vermelho das palmeiras (RPW), *Rhynchophorus ferrugineus* Olivier, é a praga mais comum de várias espécies de palmeiras. O RPW causa graves danos aos cocos no Sudeste Asiático Furlong,et ail., 2001.

Recentemente, os agentes patogénicos de *Rhynchophorus ferrugineus* têm sido amplamente estudados para avaliar o seu potencial como agentes de controlo biológico Sabbour e Abdel-Raheem, 2014, Sabry, et al., 2011 e Shaiju-Simon, et al., 2003'

Metarhizium anisopliae foi isolado de *R. bilineatus,* após tratamento de palmeiras jovens contra o *escarabeídeo Scapanes australis* com uma formulação baseada em esporos *de M. anisopliae*, Giblin-Davis, 2001.
No Irão, *M. anisopliae* foi isolado de adultos e *Beauveria bassiana* (Bals.) Vuill. de pupas, Batta, 2004.

Beauveria sp. foi associada a alguns casulos de *R. ferrugineus*[31] . A utilização de fungos entomopatogénicos como agentes de biocontrolo contra muitas espécies de gorgulhos foi avaliada, Batta, 2004, Ihara, et al., 2003 e Kehat, 1999.

Os adultos e as larvas foram contaminados com *B. bassiana* e *M. anisopliae*, o que resultou numa mortalidade de 50-100%[14] ' Utilizou alguns fungos entomopatogénicos para controlar muitas pragas, Abdel-Raheem, 2005, 2013, Abdel-Raheem, et al, 2009,2015,2016, Abdel-Raheem e Lamya Ahmed Al-Keridis, 2017, Ismail e Abdel-Raheem, 2010, Quesada-Moraga, et al., 2004, Sabbour, 2012, Sabbour e Abdel-Raheem, 2014, Sabry, et al., 2011 e Zaki e Abdel-Raheem, 2010.

O potencial dos fungos entomopatogénicos como agentes de controlo biológico contra várias espécies de gorgulhos foi avaliado, Abdel-Raheem e Lamya Ahmed Al-Keridis, 2017, Gindin, et al., 2006 e Ihara, et al., 2003.

A transmissão mecânica passiva de fungos em populações de insectos foi observada para vários fungos entomopatogénicos, *por exemplo, B. bassiana,* ***M. anisopliae*** e ***Paecilomycesfumosoroseus,*** Furlong e Pell, 2001, Lacey, et al., 1999 e Prior e Arura, 1985.

Adultos contaminados com esporos *de B. bassiana* ou *M. anisopliae* transferiram a infeção fúngica para as larvas, o que resultou em 50,100% de mortalidade larval, Gindin, et al., 2006, Rahalkar, et al., 1985 e Shamseldean, 2004.

As larvas foram infectadas com concentrações de ***M. anisopliae*** e ***B. bassiana*** (C_1 , C_2 & C_3). A mortalidade registada foi de 7,5 % por infeção com a concentração de 3rd de ***M. anisopliae*** após 3rd dias, mas foi de 2,5 % com a mesma concentração de *B. bassiana* e dia**,** Abdel-Rahman e Abdel-Raheem, 2018.

M. anisopliae teve mais efeito sobre as larvas de *R. ferrugineus* do que *B. bassiana.*

A mortalidade atingiu 100% após 9th dias da infeção por *M. anisopliae*, mas atingiu 100% após 10th dias da infeção por *B. bassiana* Quadro (1), Abdel-Rahman e Abdel-Raheem, 2018.

Tabela (1): A % de mortalidade das larvas de *Rhynchophorus ferrugineus* infetadas com *M. anisopliae* e *B. bassiana* a 21±2 °C e 65 ±5 % HR.

day after infection	control	*M. anisopliae*			*B. bassiana*		
		C_1	C_2	C_3	C_1	C_2	C_3
2nd	0.0	0.0	0.0	0.0	0.0	0.0	0.0
3rd	0.0	3.5	4.5	7.5	0.0	0.0	2.5
4th	0.0	4.5	10.5	22.0	3.5	6.5	13.5
5th	0.0	7.5	15.5	45.5	5.5	14.5	46.5
6th	0.0	10.5	22.5	69.5	8.5	21.5	62.5
7th	0.0	12.5	55.5	78.5	9.99	47.0	63.5
8th	0.0	25.5	70.3	95.5	17.5	67.5	78.5
9th	0.0	55.5	75.8	100	26.6	77.5	85.5
10th	0.0	60.3	90.9	100	35.7	75.5	100

2.2×10^3, 2.2×10^4 and 2.2×10^5 spore /ml. (C_1, C_2 & C_3).

As pupas foram infectadas com concentrações de *M. anisopliae* e *B. bassiana* (C_1 , C_2 & C_3). A mortalidade registada foi de 7,5 % por infeção com a concentração de 3rd de *M. anisopliae* após 4th dias, mas foi de 4 % com a mesma concentração e dia de *B. bassiana.*

M. anisopliae teve mais efeito sobre as pupas de *R. ferrugineus* do que *B. bassiana.* A mortalidade atingiu 100% após 12th dias da infeção por *M. anisopliae*, mas atingiu 100% após 13th dias da infeção por *B. bassiana* Quadro (2), **Abdel-Rahman** e Abdel-Raheem, 2018.

Tabela (2): A % de mortalidade de pupas de *R. ferrugineus* infectadas com *M. anisopliae* e *B. bassiana* a 21 ±2 °C e 65 ±5 % UR. Abdel-Rahman e Abdel-Raheem, 2018.

Day after infection	control	*M. anisopliae*			*B. bassiana*		
		C_1	C_2	C_3	C_1	C_2	C_3
2nd	0.0	0.0	0.0	0.0	0.0	0.0	0.0
3rd	0.0	0.0	0.0	0.0	0.0	0.0	0.0
4th	0.0	2.5	4.5	7.5	0.0	3.5	4.0
5th	0.0	3.0	5.9	15.5	2.0	8.0	10.5
6th	0.0	10.0	14.0	20.5	5.5	11.5	13.9
7th	0.0	30.5	45.0	50.5	11.5	25.5	31.5
8th	0.0	32.7	55.9	73.8	22.0	47.5	55.0
9th	0.0	45.5	65.5	87.6	22.0	50.0	65.5
10th	0.0	48.5	65.5	93.5	28.5	50.0	80.5
11th	0.0	50.0	70.6	93.5	33.5	58.5	90.5
12th	0.0	50.0	85.7	100	36.5	65.9	95.0
13th	0.0	55.6	90.0	100	47.0	68.0	100

2.2×10^3, 2.2×10^4 and 2.2×10^5 spore /ml. (C_1, C_2 & C_3).

Os adultos foram infectados com concentrações de *M. anisopliae* e *B. bassiana* (C_1 , C_2 & C_3). A mortalidade registada foi de 10,5 % por infeção com a concentração de 3rd de *M. anisopliae* alter 4th dia, mas foi de 11 % com a mesma concentração e dia de *B. bassiana,* Abdel-Rahman e Abdel-Raheem, 2018.

M. anisopliae teve mais efeito sobre os adultos de *R. ferrugineus* do que *B. bassiana.* A mortalidade atingiu 100% após 11th dias da infeção por *M. anisopliae*, mas atingiu 100% após 13th dias da infeção por *B. bassiana* **Quadro (3).**

Tabela (3): A % de mortalidade de adultos de *R. ferrugineus* infetados com *M. anisopliae* e *B. bassiana* a 21 ±2 °C e 65 ±5 % RH. Abdel-Rahman e Abdel-Raheem, 2018.

day after infection	control	*Metarhizium anisopliae*			*Beauveria bassiana*		
		C_1	C_2	C_3	C_1	C_2	C_3
2nd	0.0	0.0	0.0	0.0	0.0	0.0	0.0
3rd	0.0	0.0	0.0	0.0	0.0	0.0	0.0
4th	0.0	5.5	8.5	10.5	4.5	7.5	11.0
5th	0.0	7.0	12.5	15.5	5.5	8.0	14.0
6th	0.0	10.5	15.0	25.5	11.0	14.5	20.5
7th	0.0	20.9	35.5	53.5	11.5	30.5	45.5
8th	0.0	45.5	56.0	73.0	22.0	47.5	65.5
9th	0.0	65.0	65.5	90.5	50.0	66.0	85.5
10th	0.0	70.0	75.0	95.5	60.5	66.0	90.0
11th	0.0	75.0	80.0	100	65.0	70.0	97.0
12th	0.0	80.0	100	100	75.0	82.5	99.0
13th	0.0	89.0	100	100	78.0	90.0	100

2.2×10^3, 2.2×10^4 and 2.2×10^5 spore /ml. (C_1, C_2 & C_3).

Fig.(21): Adulto do gorgulho da palmeira vermelha morto por um fungo entomopatogénico

Verificou-se que os fungos entomopatogénicos são um dos principais factores que regulam as populações de *R. ferrugineus*, com uma prevalência de infeção natural de cerca de 20%.

Foram isoladas duas espécies de fungos entomopatogénicos, *Beauveria bassiana* (Bals.) Vuill, a espécie mais comum, e *Metarhizium anisopliae* (Metch.) Sorok

Vale a pena sublinhar que *Paecilomyces* sp. também foi encontrado para infetar ácaros fóricos no gorgulho da palmeira vermelha.

No interior das palmeiras com insectos infectados, mais de 90% dos indivíduos estavam doentes. Um isolamento semelhante de 2 fungos entomopatogénicos de *R. ferrugineus* foi relatado no Irão por Ghazavi & Avand-Faghih (2002).

Fig. (22): Adultos de *R. ferrugineus* infectados por *Metarhizium anisopliae*

Metarhizium anisopliae

Seleção dos isolados patogénicos mais virulentos

Sete isolados de *M. anisopliae* e três isolados de *B. bassiana* foram submetidos a um ensaio inicial em larvas para selecionar fungos com elevada patogenicidade contra *R. ferrugineus*.

Os fungos testados diferiram na sua patogenicidade para as larvas *de R. ferrugineus*: aos 5 dias após a inoculação (PI), a mortalidade das larvas tratadas variou de 0 a 20% para *B. bassiana* e de 40% a 100% para *M. anisopliae* e aos 7 dias PI a mortalidade das larvas tratadas com os isolados Ru, MA, M7 *de M. anisopliae* atingiu 100%.

Não se verificou mortalidade no grupo de controlo em nenhuma das durações dos ensaios.

As estirpes *de M. anisopliae* foram mais virulentas do que as de *B. bassiana*, matando as larvas tratadas de forma relativamente rápida (LT_{50} : 3,5,5 dias), em comparação com as estirpes *de B. bassiana* que começaram a afetar as larvas. Os primeiros sinais de penetração por ambos os fungos foram idênticos e apareceram 2,3 dias PI como grandes manchas castanhas escuras ou pretas na cutícula das larvas.

Um a dois dias depois, a cor das larvas mortas por *B. bassiana* mudou de arenosa para rosa escuro. Após o desenvolvimento no interior das larvas, tanto as cepas de *M. anisopliae* quanto as *de B. bassiana* pareciam romper a cutícula e os conídios emergiam nas superfícies dos cadáveres.

Patogenicidade de fungos entomopatogénicos para ovos de *R. ferrugineus*

A patogenicidade dos dois isolados mais virulentos de *M. anisopliae,* selecionados no rastreio inicial em larvas, foi testada contra ovos de *R. ferrugineus*. Ambos os isolados (Ru e MA) mataram os ovos rapidamente, sem colonização preliminar na superfície do ovo.

Os sintomas caraterísticos, *por exemplo,* a perda de turgor, o embotamento e o escurecimento dos ovos, apareceram 2,3 dias após o tratamento; posteriormente, os ovos foram destruídos e desapareceram no substrato. A mortalidade dos ovos colocados em serradura de cana-de-açúcar contendo esporos de fungos foi de 43,5,80%, em comparação com apenas 16,7,30% nos ovos de controlo do mesmo grupo etário.

Algumas das larvas emergidas foram infectadas com a estirpe a que foram tratadas como ovos e morreram em poucos dias.

Patogenicidade de fungos entomopatogénicos para adultos de *R. ferrugineus*

Os bioensaios em adultos foram efectuados com o isolado Ru de *M. anisopliae*, que provou ser um dos mais virulentos para as larvas. Os resultados da primeira experiência indicaram que a mortalidade dos adultos de *R. ferrugineus* diferia consoante o método de aplicação do fungo.

A mortalidade de gorgulhos adultos foi registada 1 semana após o contacto com esporos secos da cultura cultivada e apenas 4 semanas após a pulverização com suspensão de esporos, Abdel-Raheem, 2013.

A mortalidade máxima dos gorgulhos atingiu 84,6% 2 semanas após o contacto com os esporos secos e 100% 5 semanas após a pulverização. A mortalidade nos grupos de controlo (pulverização aquosa de Triton e pó de talco) foi de 12,5% e 22,2%, respetivamente.

Os adultos mortos pelo fungo não mudaram de cor, enquanto os adultos mortos no tratamento de controlo escureceram. Após a incubação dos cadáveres em condições húmidas, os fungos emergiram nas superfícies dorsal e ventral do gorgulho e formaram conidióforos com conídios.

Para avaliar a possibilidade de transmissão da infeção fúngica das fêmeas infectadas para os ovos e larvas dentro dos túneis de oviposição, as fêmeas que tinham sido tratadas com a formulação seca de esporos foram deixadas a ovipositar em troncos de cana-de-açúcar. A mortalidade das fêmeas infectadas atingiu cerca de 60% no 11° dia PI e 100% após 2,2,5 semanas PI.

No entanto, a oviposição foi concluída mais cedo, em 7 a 11 dias para as fêmeas do grupo de controlo, tendo a postura intensiva de ovos continuado durante mais de um mês. A mortalidade da maioria das fêmeas do grupo de controlo ocorreu após 1,5,2 meses.

O período reprodutivo médio das fêmeas infectadas foi de 8,7 dias, em comparação com mais de 30 dias para as fêmeas de controlo, e o número total de ovos postos por todas as fêmeas infectadas foi de 37, em comparação com 115 no tratamento de controlo.

No entanto, os números médios de ovos postos por cada fêmea por dia não diferiram significativamente: 0,7_0,44 por fêmea tratada e 1_0,40 por fêmea de controlo, respetivamente.

O peso das larvas de 3 semanas das fêmeas tratadas foi muito variável, variando de 1,2 a 10,7 mg, e não foi significativamente diferente do controlo, que variou de 1,2 a 35,0 mg.

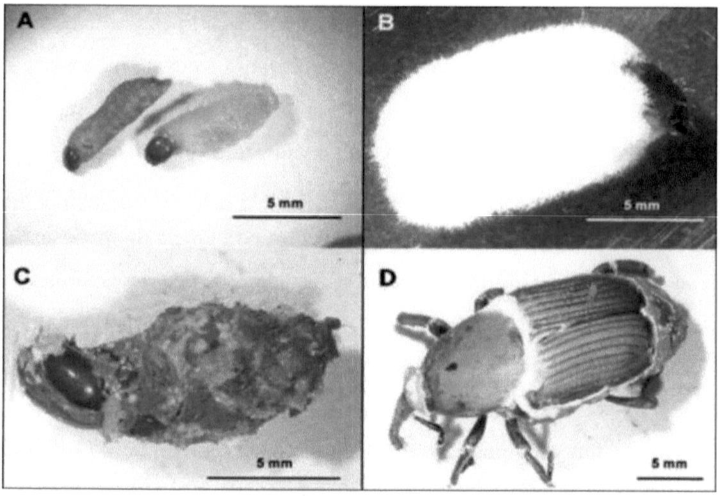

Fig. (23): Larvas e adultos de *Rhynchophorus ferrugineus* infectados com *Beauveria bassiana* e *Metarhizium anisopliae.* (A) As larvas mortas por *B. bassiana* mudam de cor de amarelo-pálido para rosa (aqui parecem mais escuras do que no controlo). Esporulação de *B. bassiana* (B) e *M. anisopliae* (C) em larvas mortas. Esporulação de *M. anisopliae* em adultos de *R. ferrugineus* (D).

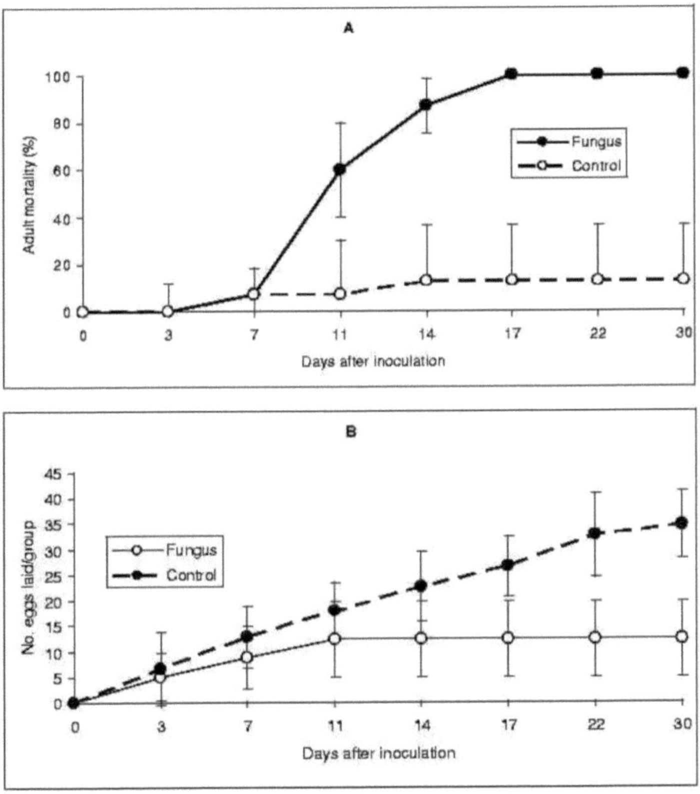

Fig. (24): Efeito da infeção por *Metarhizium anisopliae* (estirpe Ru, formulação à base de arroz) na mortalidade de adultos (A) e na oviposição (B). As barras indicam o desvio padrão da média.

O rastreio de fungos conhecidos por serem patogénicos para a RPW teve como objetivo avaliar a patogenicidade de *M. anisopliae* e *B. bassiana* em várias fases de desenvolvimento da RPW e desenvolver um método para a implementação de fungos. A presente investigação mostrou que os isolados testados *de M. anisopliae* e *B. bassiana* infectam as larvas e completam completamente os seus ciclos de vida, formando conidióforos com conídios em cadáveres de RPW. A pigmentação vermelha das larvas mortas por *B. bassiana* indica a presença de um pigmento vermelho, a oosporeína, produzida por *Beauveria* spp. (10, 27).

Todas as estirpes *de M. anisopliae* analisadas revelaram patogenicidade para todas as fases de desenvolvimento da RPW, causando até 80,100% de mortalidade de larvas e gorgulhos adultos em condições laboratoriais. Quando os ovos foram expostos a serradura previamente pulverizada com esporos *de M. anisopliae*, a sobrevivência total tanto dos ovos como das larvas emergidas foi reduzida por um fator de aproximadamente dois a três, em relação ao controlo.

Além disso, as larvas que se desenvolveram em serradura pulverizada com esporos de fungos tiveram um peso significativamente reduzido em comparação com as larvas que emergiram no tratamento de controlo.

Este fenómeno pode resultar de uma menor ingestão de alimentos pelos insectos infectados e/ou do custo energético do confronto com a infeção. Existem vários exemplos de redução do consumo de alimentos em insectos infectados por fungos patogénicos (4, 25, 26).

Por outro lado, a contaminação da fonte de alimento por fungos pode repelir as larvas e, assim, reduzir o seu consumo de alimento, como foi demonstrado no caso do gafanhoto *Stiphra robusta* exposto a folhas pulverizadas com *M. anisopliae* var. *acridum* (Vicentini, tese de doutoramento, 1999; ver 15

O efeito direto sobre a mortalidade dos adultos, o tratamento fúngico reduziu a fertilidade das fêmeas. As fêmeas contaminadas com a formulação seca de esporos tiveram um tempo de oviposição mais curto do que os controlos (7,11 dias em comparação com 30,45 dias) e, além disso, o número total de ovos postos pelas fêmeas infectadas foi três vezes inferior ao das fêmeas de controlo. No entanto, o número diário de ovos postos por cada fêmea, bem como a sobrevivência e o peso das larvas emergidas, não diferiram significativamente entre os insectos tratados e os do controlo.

Este facto pode sugerir que as fêmeas não transmitiram os esporos do fungo para os túneis de oviposição. Assim, verificou-se que a principal contribuição do fungo para o controlo da RPW era através da morte prematura das fêmeas infectadas.

Apesar da suscetibilidade observada de todas as fases de desenvolvimento da RPW aos fungos entomopatogénicos em condições laboratoriais, a viabilidade de conseguir um controlo eficaz da RPW no campo parece problemática.

O solo é o habitat natural dos fungos e, uma vez que as pupas de RPW habitam ocasionalmente o solo, é teoricamente possível infectá-las com esporos de fungos através do tratamento do solo. No entanto, a pupação ocorre dentro de um casulo e os jovens adultos permanecem no casulo durante 8,14 dias, o que suscita dúvidas quanto à viabilidade da aplicação de fungos no solo.

A pulverização de palmeiras e de grandes áreas entre elas para assegurar o contacto entre os adultos de vida livre da RPW e os esporos fúngicos também apresenta dificuldades, devido ao grande inóculo fúngico necessário. A melhor estratégia seria tratar apenas áreas selecionadas que sejam especialmente susceptíveis de atrair adultos.

Os gorgulhos adultos são geralmente crípticos, refugiando-se entre os pecíolos e as bases dos rebentos. São muito atraídos por feridas nas palmeiras, por *exemplo*, que são infectadas durante as práticas de produção vegetativa que incluem a remoção dos rebentos (8).

Estas áreas são frequentemente os locais mais atractivos para a oviposição das fêmeas e, por conseguinte, podem ser os melhores candidatos para o tratamento com uma formulação fúngica seca. A possibilidade de infetar os adultos *de Rhynchophorus* por este método foi descoberta por acaso, após a aplicação de uma formulação à base de arroz de *M. anisopliae* contra o escarabeídeo *Scapanes australis* em palmeiras jovens na Nova Guiné (17). O tratamento das axilas das frondes com esta formulação causou infeção não só à praga-alvo, mas também provocou alguma infeção acidental em *R. bilineatus*.

A elevada mortalidade dos adultos aos esporos secos de um isolado selecionado indica que houve um contacto adequado entre os fungos e as fêmeas ovipositoras.

A hidrofobicidade dos esporos fúngicos pode desempenhar um papel significativo no sucesso da formulação do arroz seco. A fixação de um esporo fúngico à superfície da cutícula é o evento inicial e, portanto, crucial no estabelecimento da micose (3).

Os esporos de *M. anisopliae* possuem uma camada exterior composta por fascículos entrelaçados de bastonetes hidrofóbicos, que proporcionam a adesão à cutícula do inseto devido a forças hidrofóbicas não específicas (3). Assim, à semelhança do processo de infeção natural, a aplicação de esporos secos poderia proporcionar uma melhor aderência em relação à aplicação de suspensões de esporos aquáticos.

Idealmente, gostaríamos de utilizar fêmeas inoculadas artificialmente como vectores de infeção para a sua descendência *através da* contaminação dos ovos durante a oviposição.

No entanto, no presente estudo não foi possível provar que essa transferência de infeção ocorreu. Pensamos que a falta de sucesso se deveu principalmente à insuficiência de inóculo transferido pelas fêmeas para os ovos. É possível que este problema esteja relacionado com a hidrofobicidade dos esporos.

Este carácter pode interferir com a transferência de fungos da superfície hidrofóbica da fêmea para o ovo em condições de humidade durante a oviposição no tecido vegetal.

A transferência mecânica de esporos fúngicos entre os locais de oviposição e mesmo para o interior dos túneis de oviposição seria possível, desde que fosse possível desenvolver uma formulação fúngica adequada. Tendo em conta a elevada suscetibilidade dos ovos e das larvas à infeção fúngica, supomos que, nesse caso, a contaminação dos ovos e do habitat das larvas contribuiria para a eficácia deste método de controlo de pragas.

As actividades patogénicas e de inibição do crescimento de fungos entomopatogénicos de ocorrência natural contra insectos de diferentes ordens foram previamente relatadas, Hussain, et al. 2014.

Estudos anteriores deram pouca atenção às caraterísticas determinantes da virulência dos fungos entomopatogénicos e ao seu impacto no crescimento e no mecanismo de defesa imunitária de uma praga economicamente importante da tamareira, *R. ferrugineus.*

O presente estudo mostrou que os factores de virulência dos micróbios, incluindo a percentagem de germinação e a hidrofobicidade conidial relativa, afectam significativamente a virulência dos isolados estudados.

Os isolados de fungos entomopatogénicos com maior virulência, provocam uma maior expressão de genes relacionados com o sistema imunitário e retardam o crescimento das larvas, conduzindo, em última análise, a uma maior mortalidade entre as larvas infectadas.

Os resultados actuais indicaram claramente que a germinação conidial e a hidrofobicidade definiram a virulência dos isolados. Encontrámos variações na germinação e na hidrofobicidade conidial entre os isolados estudados. A hidrofobicidade conidial é especificamente fornecida por um grupo de pequenas proteínas ricas em cisteína (hidrofobinas), envolvidas na adesão conidial, virulência e dispersão.

Recentemente, foi apresentada uma prova empírica do envolvimento de três genes de hidrofobina Hydl, Hyd2 e Hyd3 na virulência, hidrofobicidade e conidiação, Sevim, 2012.

Noutro estudo, os genes da hidrofobina, Hydl e Hyd2, foram implicados na hidrofobicidade conidial e, em última análise, na regulação do nível de adesão e virulência da estirpe.

Com base nestes resultados, sugerimos que a virulência do agente patogénico é importante para invadir o hospedeiro. Conídios com altos níveis de hidrofobicidade resultaram em alta mortalidade de larvas do gorgulho vermelho da palmeira.

Durante a seleção de agentes patogénicos fúngicos, as caraterísticas determinantes da virulência, tais como a hidrofobicidade conidial e a germinação conidial, referidas no presente estudo, devem ser cuidadosamente consideradas.

As larvas *de R. ferrugineus* infectadas com os isolados B6884 e M9374 ganharam menos peso em comparação com as larvas não infectadas (controlo). O isolado B6884 continuou a ser o isolado mais virulento, seguido dos isolados M9374 > I9602 > M8762 > B03005 > M9H755 > I7284 > B3H203 > I03011.

Os índices nutricionais, particularmente os valores ECI e ECD das larvas de R. ferrugineus, foram significativamente diferentes, sugerindo que os isolados virulentos reduziram tremendamente o crescimento das larvas do gorgulho da palmeira vermelha.

Os valores de ECI, que representam a medida global do alimento ingerido utilizado pelas larvas para o seu crescimento, foram fortemente reduzidos pela infeção dos isolados B6884 (46,41%), M9374 (36,59%), I9602 (29,25%), M8762 (20,00%), B03005 (14,88%), M9H755 (8,74%), I7284 (4,22%), B3H203 (2,67%) e I03011 (0,29%).

A diminuição dos valores do ECI em comparação com o controlo revelou que a maior parte do alimento ingerido é utilizado como energia para combater o agente patogénico invasor, e menos alimento é utilizado para o crescimento das larvas. Estes resultados são consistentes com uma investigação anterior em que *M. anisopliae* (estirpe 406) reduziu significativamente os valores de ECI contra todos os instares larvares estudados de Ocinara varians-Walker.

O ECD, um índice para calcular a biomassa exacta dos insectos a partir dos alimentos digeridos, também diminuiu após a infeção com os conídios de isolados virulentos. Esta redução pode refletir o facto de os alimentos digeridos serem metabolizados para produção de energia, reduzindo assim o ECD em comparação com o controlo.

Noutro estudo, foi relatado um padrão semelhante de inibição do crescimento de ECI e ECD em larvas de O. varians Walker em estudos sobre a virulência de estirpes de fungos entomopatogénicos.

A infeção fúngica de isolados virulentos aumentou tremendamente os valores de AD das larvas do gorgulho da palmeira vermelha.

O aumento dos valores de AD pode refletir o facto de as larvas deficientes em nutrientes inoculadas com fungos necessitarem de energia para a defesa imunitária. Esta energia só poderia ser obtida através da utilização de capacidades intrínsecas para melhorar as digestibilidades aproximadas dos alimentos limitados.

Foram obtidos resultados semelhantes quando a atividade pesticida da labramina foi avaliada contra a traça da farinha do Mediterrâneo.

A partir dos resultados da mortalidade e dos índices nutricionais, é evidente que os isolados B6884 e M9374 são os mais virulentos. Esta virulência é regulada principalmente pela hidrofobicidade dos conídios, que aumenta a infeção ao facilitar a adesão dos conídios à cutícula do hospedeiro.

Em caso de interação compatível (infeção), o mecanismo de defesa imunitária do hospedeiro é fortemente regulado para combater a infeção e resta menos energia para o crescimento do hospedeiro. O hospedeiro, nestas circunstâncias (baixa energia), torna-se mais fraco e mais vulnerável aos conídios esporulados que iniciam o seu crescimento in vivo.

Estas descobertas também mostraram que os isolados B6884 e M9374 aumentaram a resposta dos receptores de reconhecimento de agentes patogénicos, moduladores de sinal, transdutores de sinal e efectores responsáveis pelos mecanismos de defesa imunitária do hospedeiro.

O aumento das actividades dos PRRs (em especial a lectina do tipo C e a endo-beta-1,4-glucanse); dos moduladores de sinal (em especial a proteína do tipo Serine protease); dos transdutores de sinal (proteína do tipo Calmodulina e proteína que contém o domínio EF-hand); e dos efectores (lisozima do tipo C, proteína do tipo Catepsina L., Defensin-like protein, Serine carboxypeptidase, and Thaumatin-like protein) reduziram os valores de ECI e ECD, revelando que o hospedeiro gasta a maior parte da sua energia a combater o ataque do agente patogénico invasor; assim, resta pouca nutrição para o crescimento e desenvolvimento.

As estirpes com menor hidrofobicidade conidial e baixa germinação permaneceram menos patogénicas e não devem ser incorporadas no programa de gestão integrada do gorgulho da palmeira vermelha.

Metarhizium anisopliae e *Beauveria bassiana*

Metarhizium anisopliae (Metchinkoff) Soroken isolado de larvas e adultos de *Scrobipalpa ocellatella* e *Beauveria bassiana* (Balsamo) Vuillemin isolado de *Cassida vittata* (Abdel-Raheem, 2005) foram cultivados em meio Peptone (10g Peptone, 40g Dextrose, 2g extrato de levedura, 15g Agar e 500 ml. Cloranfenicol).

O meio foi autoclavado a 120 °c durante 20 minutos e vertido em placas de Petri (10 cm de diâmetro x 1,5 cm). Em seguida, os fungos foram incubados e mantidos a 24 ±2° c e 65± 5 % RH. Os isolados fúngicos foram re-cultivados a cada 14 - 30 dias e mantidos a 4 oc.

Preparação das concentrações

Os esporos dos isolados fúngicos foram colhidos por ascensão com água esterilizada 0,5% Tween 80 a partir de meios de cultura de peptona com 14 dias de idade. As suspensões foram filtradas através de um pano de queijo para reduzir a aglomeração de micélio.

Os esporos foram contados na suspensão utilizando um hemocitómetro (0,1 mm x 0,0025 mm2). As concentrações utilizadas foram 2 x 10 3, 2 x10 4 e 2 x 10 5 esporos /ml.

Preparação de fungos

A virulência de três isolados de *M. anisopliae* e *B. bassiana* para larvas *de R. ferrugineus* foi testada na primeira seleção. Os isolados fúngicos foram obtidos de colecções privadas ou foram isolados do solo ou de vários insectos em países com climas quentes. Os isolados considerados mais virulentos para as larvas foram utilizados para bioensaios com ovos e adultos. Os fungos foram cultivados durante 2 semanas a 24 o C em ágar Sabouraud dextrose

(Difco). Os esporos foram colhidos lavando as placas com uma solução aquosa de Triton X-100 a 0,01%; em seguida, a suspensão de esporos foi filtrada através de várias camadas de pano de queijo para remover o micélio.

A concentração de esporos foi determinada com um hemacitómetro e ajustada para 2 $x10^3$ esporos/ml para o bioensaio de ovos, para $2x10^4$ esporos/ml para o bioensaio de larvas e para 2x105 esporos/ml para o bioensaio de adultos.

A fim de obter uma formulação de esporos secos, o isolado de *M. anisopliae* foi cultivado num meio sólido à base de arroz durante 2 semanas e seco a 32° C. O procedimento foi o seguinte: O arroz lavado em água corrente fria foi misturado com água e óleo de girassol (500 ml de água e 20 ml de óleo por kg de arroz).

Antes da esterilização em autoclave, o arroz foi aquecido até a água ser absorvida.

O arroz autoclavado foi inoculado com 25 ml de suspensão de esporos (2 $x10^5$ esporos / ml). O arroz inoculado foi incubado a 28° C durante 2-3 semanas até à esporulação. Posteriormente, os sacos foram abertos e o arroz com esporos foi seco numa câmara ventilada a 30-32° C durante 2-3 dias.

Virulência dos esporos fúngicos e das nanopartículas de prata de fungos entomopatogénicos no gorgulho da palmeira vermelha, *Rhynchophorus ferrugineus* Olivier

Fungos entomopatogénicos (isolados do Egito)

Metarhizium anisopliae isolado de larvas e adultos da traça da beterraba, *Scrobipalpa ocellatella* (Boyd) e *Beauveria bassiana* (Balsamo) Vuillemin, isolado do escaravelho da beterraba, *Cassida vittata* (Vill) (Abdel-Raheem, 2005) foram cultivados em meios Peptone (10g Peptone, 40g Dextrose, 2g extrato de levedura, 15g Agar e 500 ml. Cloranfenicol). O meio foi autoclavado a 120^0 C durante 20 minutos e vertido em placas de Petri (10 cm de diâmetro x 1,5 cm). Em seguida, os fungos foram incubados e mantidos a 24 ±2° C e 65± 5 % RH. Os isolados fúngicos foram re-cultivados a cada 14 - 30 dias e mantidos a AC. (Abdel-Raheem, et al., 2019)

Compostos comerciais indianos

Três compostos (produções indianas), Bio Magic *(M. anisopliae),* Bio Power (*B. bassiana*) e Bio Catch *(V. lecanii)* foram obtidos da empresa Seif Gaarah, Cairo, Egito. A concentração de EPF utilizada foi de ($1x10^9$ esporos/ml). Os esporos foram colhidos por elevação com água esterilizada e pela adição de 0,5% de Tween 80 a partir de meios de cultura de peptona com 14 dias de idade. As suspensões foram filtradas através de um pano de queijo para reduzir a aglomeração do micélio. Os esporos foram contados na suspensão, utilizando um hemocitómetro (0,1 mm x 0,0025 mm^2). As concentrações foram (1×10^9 esporos /ml) de cada EPF. As culturas fúngicas crescidas foram centrifugadas a 12000 rpm durante 30 minutos a 25° C e o sobrenadante foi utilizado para a síntese de Ag NPs.

Criação de insectos

R. ferrugineus foi criado no Pests & Plant Protection Department, National Research Centre, Giza, Egito, em cana-de-açúcar como alimento e local (Rahalkar *et al.,* 1985). Cinco pares de adultos foram colocados num substrato de serradura de cana-de-açúcar ou em toros de cana-de-açúcar para acasalar e ovipositar. *R. ferrugineus* foi criado individualmente desde o 1st instar larval até a emergência dos adultos, a 27±2 °C. Os ovos foram recolhidos de dois em dois dias. (Abdel-Raheem, et al., 2019)

Bioensaio

M. anisopliae, B. bassiana, Bio Magic, *M. anisopliae,* Bio Power, *B. bassiana* e Bio Catch, *V. Iecanii* foram testados infectando ovos, larvas e adultos de *R. ferrugineus.* Foram utilizados 100 ovos, larvas e adultos para cada tratamento, divididos em 5 grupos, cada um com 25 ovos, larvas e adultos, colocados em placas de Petri, um indivíduo/placa. Os fungos foram aplicados em suspensão no grupo de controlo, tratado com água esterilizada, e mantido a 27 ±2 °C e 65 ±5 % H.R. As taxas de mortalidade de *R. ferrugineus* foram observadas após 7 dias.

Biossíntese de nanopartículas de prata

As nanopartículas de prata foram sintetizadas utilizando 50 ml de solução aquosa de 1 mM Ag No_3 tratada com 50 ml de cultura de fungos (estas partículas foram preparadas para todos os isolados de fungos e produtos comerciais) sobrenadante num frasco cónico de 250 ml e o pH foi ajustado para 8,5. A mistura inteira foi incubada a 40^0 C a 200 rpm durante

7 dias em condições de escuridão. O controlo foi mantido sem adicionar o sobrenadante da cultura à solução de Ag No .3

Estudos de bioensaios

O R. ferrugineus foi colocado em placas de Petri estéreis com alimentos e papel de filtro estéril. A solução de nanopartículas foi polvilhada sobre o papel de filtro. O papel de filtro foi deixado secar ao ar de forma asséptica e incubado a 27±2°C durante 3 dias. A experiência foi repetida três vezes. A taxa de mortalidade foi registada após 2 dias do tratamento e a % de mortalidade foi calculada. (Abdel-Raheem, et al., 2019)

Os dados dos ovos de *R. ferrugineus* tratados com *M. anisopliae, B. bassiana,* Bio Magic, Bio Power e Bio Catch como esporos fúngicos e suas partículas de NPs de prata foram apresentados na tabela (4). Sete dias após o tratamento, foi registada uma taxa de mortalidade de até (90%) de *R. ferrugineus* nos ovos tratados.

As taxas de mortalidade atingiram 80, 73, 65, 60 e 45% por infeção com esporos fúngicos de *M. anisopliae, B. bassiana,* Bio Magic, Bio Power e Bio Catch, respetivamente. Além disso, as taxas de mortalidade foram de 90, 84, 73, 70 e 58% por infeção com NPs de Ag bio-sintetizadas de *M. anisopliae, B. bassiana,* Bio Magic, Bio Power e Bio Catch, respetivamente, durante o mesmo período.

O M. anisopliae registou a mortalidade mais elevada (90%) nos ovos de *R. ferrugineus,* quando tratado com nanopartículas ou com esporos fúngicos após 6 dias e a mais baixa (58%) quando tratado com Bio Catch. De acordo com Abdel-Raheem *et al.* (2009) e Abdel-Rahman e Abdel-Raheem

(2018), a mortalidade total de ovos e larvas foi reduzida em comparação com o grupo de controlo quando os ovos foram expostos a esporos *de M. anisopliae*.

(Abdel-Raheem, 2019) mencionou que a razão de diferentes taxas de patogenicidade entre um fungo e outro pode dever-se à fração que exibe atividade antimicrobiana de alguns compostos polares que variam entre 1000 e 1500 Dalton na extração de fungos.

Tabela (4): Percentagem de mortalidade de fungos entomopatogénicos nos ovos de *Rhynchophorus ferrugineus,* utilizando suspensão de esporos e nanopartículas de prata bio-sintetizadas (Abdel-Raheem, et al., 2019)

Entomopathogenic fungus	Treated with	
	Fungal spores (Mean ± S.E)	Bio synthesized Ag NPs (Mean ± S.E)
Metarhizium anisopliae	80.0 ± 1.20	90.0 ± 2.10
Beauveria bassiana	73.0 ± 1.00	84.0 ± 1.30
Bio Magic	65.0 ± 0.20	73.0 ± 0.10
Bio Power	60.0 ± 3.10	70.0 ± 0.20
Bio Catch	45.0 ± 0.20	58.0 ± 1.20
Control	6.0	7.0
S.E (m)	1.14	1.98

Os dados da mortalidade larvar de *R. ferrugineus,* tratados com *M. anisopliae, B. bassiana,* Bio Magic, Bio Power e Bio Catch como esporos fúngicos e nanopartículas de prata foram apresentados na tabela (5).

Sete dias após o tratamento, foi registada uma mortalidade de 90% das larvas *de R. ferrugineus*: 84, 75, 71, 65 e 55% por infeção com esporos fúngicos de *M. anisopliae*, *B. bassiana*, Bio Magic, Bio Power e Bio Catch, respetivamente. Ao infetar com NPs de Ag biossintetizadas de *M. anisopliae, B. bassiana,* Bio Magic, Bio Power e Bio Catch, as taxas de mortalidade registadas foram de 95, 87, 77, 73 e 60 %, respetivamente.

M. anisopliae apresentou a maior % de mortalidade (95%) nas larvas de *R. ferrugineus,* quando tratado com as nanopartículas ou com os esporos fúngicos após 6 dias, enquanto a menor (60%) foi quando tratado com Bio Catch, *V. lecanii.* Os resultados concordam com Tefera e Pringle (2003), que relataram que a bioeficácia de *M. anisopliae* em todos os estágios de *R. ferrugineus* causou até 48 a 95% de mortalidade de adultos e larvas.

Tabela (5): Percentagem de mortalidade de fungos entomopatogénicos nas larvas de *Rhynchophorus ferrugineus* utilizando suspensão de esporos e nanopartículas de prata bio-sintetizadas

Entomopathogenic fungus	Treated with	
	Fungal spores (Mean ± S.E)	Bio synthesized Ag NPs (Mean ± S.E)
Metarhizium anisopliae	84.0 ± 2.10	95.0 ± 2.30
Beauveria bassiana	75.0 ± 2.12	87.0 ± 2.22
Bio Magic	71.0 ± 2.20	77.0 ± 1.10
Bio Power	65.0 ± 1.10	73.0 ± 1.20
Bio Catch	55.0 ± 0.10	60.0 ± 1.00
Control	6.2	7.3
S.E (m)	2.10	3.00

Os dados da mortalidade de adultos de *R. ferrugineus,* tratados com *M. anisopliae, B. bassiana,* Bio Magic, Bio Power e Bio Catch como esporos fúngicos e nanopartículas de prata foram apresentados na tabela (6). Sete dias após o tratamento, a taxa de mortalidade dos adultos de *R. ferrugineus* atingiu 77%.

As taxas de mortalidade registadas foram de 65, 61, 56, 52 e 35 % por infeção com esporos fúngicos de *M. anisopliae, B. bassiana,* Bio Magic, Bio Power e Bio Catch, respetivamente. Enquanto que, por infeção com NPs de Ag bio-sintetizadas de *M. anisopliae*, *B. bassiana*, Bio Magic, Bio Power e Bio Catch, a % de mortalidade registada foi de 77, 70, 63, 55 e 48 %, respetivamente.

M. anisopliae apresentou a maior % de mortalidade (77%) nos adultos de *R. ferrugineus,* quando tratados com as Nano-partículas ou com esporos fúngicos alterados durante 6 dias, enquanto a menor foi (48%), quando foram tratados com Bio Catch. Gothandapani *et al.* (2015) afirmaram que as EPF são amigas do ambiente e têm o potencial de bio-controlo contra insectos pragas. A síntese biológica de nanopartículas de prata (Ag NPs) deu um novo escopo para um ambiente não tóxico (Subha *et al.,* 2017 e Deeba Kamil 2017). El Husseini, (2019), tratou os adultos e as larvas de *R. ferrugineus* com conidiósporos de EPF *B. bassiana* e relatou que a mortalidade atingiu 100%.

Tabela (6): Percentagem de mortalidade de fungos entomopatogénicos sobre os adultos de *Rhynchophorus ferrugineus* utilizando suspensão de esporos e nanopartículas de prata bio-sintetizadas

Entomopathogenic fungus	Treated with	
	Fungal spores (Mean ± S.E)	Bio synthesized Ag NPs (Mean ± S.E)
Metarhizium anisopliae	65.0 ± 2.00	77.0 ± 1.30
Beauveria bassiana	61.0 ± 1.20	70.0 ± 2.10
Bio Magic	56.0 ± 2.20	63.0 ± 0.10
Bio Power	52.0 ± 1.20	55.0 ± 3.20
Bio Catch	35.0 ± 0.00	48.0 ± 0.20
Control	7.0	8.0
S.E(m)	1.94	2.90

Virulência da preparação de nanopartículas de bactérias entomopatogénicas contra o gorgulho da palmeira vermelha *Rhynchophorus ferrugineus*

Estudos de bio-ensaio:

O *R. ferrugineus* foi colocado em placas de Petri estéreis com alimentos e papel de filtro estéril. A solução de nanopartículas foi polvilhada sobre o papel de filtro. O papel de filtro foi deixado secar ao ar de forma asséptica e incubado a 27 ± 2 °C durante três dias. A experiência foi repetida três vezes. A mortalidade foi registada cinco dias após o tratamento e a % de mortalidade foi calculada.

***B. thuringiensis* e *B. subtilis* Concentrações Preparar:**

Para preparar *B. subtilis* e *B. thuringiensis* para os bioensaios, as colónias de cada espécie foram cultivadas durante a noite em 150 ml de caldo nutritivo a 32 °C com agitação constante (120 rpm). As células colhidas foram lavadas duas vezes com solução de Ringer e centrifugadas durante 5 minutos a 1.400 rpm entre lavagens, Bernhard Winkler et al. 2016. As suspensões celulares foram diluídas para obter 10^5 , 10^4 , e 10^3 CFU/mL.

A concentração de cada espécie de *Bacillus* utilizada na biossíntese de Ag NPs foi de 10^5 CFU/ml. As culturas maduras de cada espécie de *Bacillus* foram centrifugadas a 12.000 rpm durante 30 minutos a 25°C. O sobrenadante foi utilizado na síntese das NPs de Ag.

As NPs de Ag foram sintetizadas combinando 50 mL de solução aquosa de Ag NO 1mM$_3$ com 50 mL de sobrenadante de cultura de *Bacillus*. A mistura foi incubada a 40°C com agitação (200 rpm) durante 7 dias em condições de escuridão. As partículas de controlo foram criadas sem adicionar o sobrenadante da cultura à solução de Ag NO3.

Descrição do bioensaio

Para avaliar os ovos, foram colocados 10 ovos numa placa de Petri sobre papel de filtro. Os ovos foram depois pulverizados com 2 ml da suspensão celular adequada. As placas de Petri foram seladas com Parafilm® (Kaakeh 2005) e colocadas a 25°C e 75% de H.R. O número de ovos eclodidos foi contado diariamente durante seis dias. Assim como o controlo, no qual os ovos foram colocados apenas na presença de água destilada.

Para testar as larvas, 1mL de uma suspensão de 10^5 UFC/mL de cada espécie de *Bacillus* ou 1 mL de solução de Ringer (controlo) foi pulverizado sobre um pedaço de maçã para larvas em copos de plástico individualmente e adultos com pedaços de cana-de-açúcar triturada (3 × 3 cm). As larvas foram colocadas no recipiente com o pedaço de maçã e mantidas a 25°C e 75% de UR.

As larvas foram controladas diariamente durante 10 dias e o número de larvas mortas foi registado. A solução de nanopartículas foi polvilhada sobre o papel de filtro e o papel de filtro foi deixado a secar ao ar em condições assépticas. Os papéis de filtro tratados foram colocados com serradura de cana-de-açúcar (10 gm / prato) para alimentação com adições e mudança de alimento quando necessário.

As placas de Petri contendo o gorgulho (Ovos, Larvas e Adultos) foram colocadas a 27±2°C durante 6 dias. A moralidade foi avaliada 6 dias após o tratamento e a percentagem de mortalidade calculada. Para o tratamento de controlo, os indivíduos foram imersos em água destilada.

Eficácia de preparações de nanopartículas de *Bacillus subtilis e B. thuringiensis* contra ovos, larvas e adultos do gorgulho da palmeira vermelha

O número médio de ovos não eclodidos ocorreu na concentração mais elevada de cada espécie de *Bacillus* (Quadro 7). A concentração mais elevada de *B. thuringiensis* resultou numa média de 9,5 (± 0,4) ovos não eclodidos, e a concentração mais elevada de *B. subtilis,* numa média de 7,5 (± 0,2) ovos não eclodidos. A análise Probit revelou que a LC_{50} ou a Concentração Letal para causar 50% de mortalidade foi maior para *B. thuringiensis* enquanto a LC_{90} foi maior para *B. subtilis*. (Abdel-Raheem, et al., 2020)

A utilização de agentes patogénicos em *R. ferrugineus* mostrou maior capacidade de diminuir as populações de *R. ferrugineus*, Dembilio e Jacas 2012 e Francardi et al. 2012. Bactérias coletadas de larvas e usadas para atividade anti-incubação, Salama et al. 2004 e Butera et al. 2012. *B. subtilis* foi o LC mais $baixo_{50}$ e mortalidade na concentração mais alta. *B. thuringiensis* foi a bactéria que inibiu mais a eclosão dos ovos, Salama et al. 2004.

Tabela (7): Número médio e análise de Probit de ovos não eclodidos de *R. ferrugineus*

Isolates	Inhibition on hatching (mean ± SE)							
	concentration (CFU/mL)							
	Control	10^3	10^4	10^5	Slope ± S.E.	$\chi2$ (P value)	LC_{50} (CFU/mL) (95 % FL)	LC_{90} (CFU/mL) (95 % FL)
B. subtilis	2.0±0.2	4.4± 0.3	7.0 ±0.0	7.5 ±0.2	0.3670±0 .1227*	1.923 (0.496)	$6.73x10^4$ ($5.87x10^3$ - $1.58x10^6$)	$2.68x10^8$ ($4.98x10^6$ - $6.77x10^{10}$)
B. thuringiensis	1.2±0.2	5.40 ±0.7	8.0 ±0.0	9.5 ±0.4	0.2538±0 .1220*	0.124 (0.954)	$3.45x10^3$ ($1.69x10^2$ - $7.25x10^4$)	$6.59x10^8$ ($4.28x10^6$ - $7.89x10^9$)

A maior concentração de *B. thuringiensis* resultou numa média de 2,37 (±0,27) larvas e a maior concentração de *B. subtilis,* numa média de 2,02 (±1,00) larvas.

O total de larvas mortas tratadas com a concentração mais elevada de *B. thuringiensis* resultou em 8, enquanto o total de larvas mortas tratadas com a concentração mais elevada de *B. subtilis* foi de 7. (Abdel-Raheem, et al., 2020)

Tabela (8): Tratadas as larvas neonatas de *R. ferrugineus* com concentração 10^5 CFU/ mL de *B. subtilis* e *B. thuringiensis.* (Abdel-Raheem, et al., 2020)

Isolates	Mean ± SE		Total died larvae		P value*
	Control	Treated	Control	Treated	
B. subtilis	0.00	2.02±1.00	0	7	0.0127
B. thuringiensis	0.00	2.37±0.27	0	8	0.1892

A maior concentração de *B. thuringiensis* resultou numa média de 2,25 (±0,22) e a maior concentração de *B. subtilis,* numa média de 1,01 (±2,00). O total de mortes de um tratado com a maior concentração de *B. thuringiensis* resultou em 7, enquanto o total de mortes de adultos tratados com a maior concentração de *B. subtilis* foi de 5. (Abdel-Raheem, et al., 2020)

Tabela (9): Adultos tratados de *R. ferrugineus* com concentração 10^5 CFU/ mL de *B. subtilis* e *B. thuringiensis*. (Abdel-Raheem, et al., 2020)

Isolates	Mean ± SE		Total died adults		P value*
	Control	Treated	Control	Treated	
B. subtilis	0.00	1.01±2.00	0	5	0.0116
B. thuringiensis	0.00	2.25±0.22	0	7	0.1990

Foram observadas diferenças na mortalidade das larvas tratadas com suspensões bacterianas ou com NPs de Ag biossintetizadas para ambas as espécies de *Bacillus* (Quadro 8). Os tratamentos com NPs Ag biossintetizadas tiveram mortalidades mais elevadas do que as encontradas com as suspensões bacterianas. *B. thuringiensis* causou a maior mortalidade larval, independentemente da formulação (Tabela 7). Ambas as espécies de *Bacillus* causaram maior mortalidade larvar do que os controlos (Tabela 10). (Abdel-Raheem, et al., 2020)

Após seis dias de tratamento, observou-se nas placas de Petri uma mortalidade de 74% dos adultos de *R. ferrugineus*. A % de mortalidade após seis dias de tratamento registou 74 % e 67 % por infeção com suspensões bacterianas de *B. thuringiensis* e *B. subtilis*, respetivamente.

Além disso, a % de mortalidade após seis dias de tratamento registou 85 e 77 % por infeção com NPs Ag biossintetizadas de *B. thuringiensis* e *B. subtilis,* respetivamente. *A B. thuringiensis* registou a % de mortalidade mais elevada (85%) contra as larvas de *R. ferrugineus* quando tratada com bio-síntese ou com suspensões bacterianas após seis dias e a % de mortalidade mais baixa (77%) quando tratada com *B. subtilis*.

Tabela (10): Eficácia de *B. thuringiensis* e *B. subtilis* contra as larvas de *R. ferrugineus* usando suspensões bacterianas e nanopartículas de prata bio-sintetizadas.

Entomopathogenic bacteria	Treated with	
	bacterial suspensions (Mean percent mortality ± S.E)	Bio synthesized Ag NPs (Mean percent mortality ± S.E)
B. thuringiensis	74.0 ± 1.41	85.0 ± 2.20
B. subtilis	67.0 ± 1.22	77.0 ± 2.33
Control	6.7	7.1
S.E(m)	2.2	2.90

A eficácia das NPs de Ag contra gorgulhos adultos da palmeira vermelha foi superior à das suspensões bacterianas (Quadro 11). Mais uma vez, *o B. thuringiensis* conferiu maior mortalidade do que o *B. subtilis,* independentemente da formulação. A mortalidade conferida por qualquer uma das espécies de *Bacillus* foi superior à dos controlos.

Após seis dias de tratamento, observou-se nas placas de Petri uma mortalidade de 61% dos adultos de *R. ferrugineus*. A % de mortalidade após seis dias de tratamento registou 61% e 55% por infeção com suspensões bacterianas de *B. thuringiensis* e *B. subtilis*, respetivamente. Além disso, a % de mortalidade após seis dias de tratamento registou 75 e 67 % por infeção com Ag NPs bio-sintetizadas de *B. thuringiensis* e *B. subtilis,* respetivamente (Abdel-Raheem , et al., 2020)

A B. thuringiensis apresentou a maior % de mortalidade (75%) contra os adultos de *R. ferrugineus* quando tratada com biossintetizados ou com suspensões bacterianas após seis dias e a menor % de mortalidade (67%) quando tratada com *B. subtilis*

Tabela (11): Eficácia de *B. thuringiensis* e *B. subtilis* contra os adultos de *R. ferrugineus* usando suspensão bacteriana e nanopartículas de prata bio-sintetizadas.

Entomopathogenic bacterial	Treated with	
	bacterial suspensions (Mean percent mortality ± S.E)	Bio synthesized Ag NPs (Mean percent mortality ± S.E)
B. thuringiensis	61.0 ± 2.10	75.0 ± 1.40
B. subtilis	55.0 ± 1.10	67.0 ± 2.30
Control	7.2	8.2
S.E(m)	1.95	2.97

Nano óleos essenciais contra o gorgulho vermelho da palmeira, *Rhynchophorus ferrugineus* Olivier

O gorgulho vermelho das palmeiras, *Rhynchophorus ferrugineus* Olivier, é a praga mais popular de várias espécies de palmeiras. *O Rhynchophorusferrugineus* causa danos graves aos cocos no Sudeste Asiático (Furlong 2001).

As palmeiras são um recurso importante para muitas sociedades na região do Médio Oriente e do Norte de África. Atualmente, o número de palmeiras é de cerca de 120 milhões de árvores (FAO 2013), 70% das quais se encontram nos países árabes (El-Juhany 2010). *O Rhynchophorus ferrugineus* é uma praga grave de numerosas espécies de palmeiras em muitos países (Hussain *et al.* 2013), bem como no Egito (Saleh 1992).

Foram experimentados insecticidas sintéticos para gerir as populações de *R. ferrugineus* (Al-Shawaf *et al.* 2010; Shar *et al.* 2012; Aljabr *et al.* 2014). Embora vários insecticidas sejam considerados potentes, a poluição ambiental e o desenvolvimento de resistência aos insecticidas limitam a sua eficácia contra o gorgulho da palmeira vermelha (Kamel *et al.* 2007; El-Saeid & Al-Dosari 2010; Al- Ayedh *et al.* 2016).

Al-Ayedh *et al.* (2016) mencionaram que os pesticidas sintéticos não proporcionam um controlo eficaz de *R. ferrugineus*. Cerca de 90% dos pesticidas agrícolas nunca chegam aos organismos-alvo (Moses *et al.* 1993). A mobilidade ambiental causa a contaminação de vários compartimentos ambientais mencionados por (Mansour 2008; Rechcigl & Rechcigl 2000; Chowdhurry *et al.* 2009; Tawtsin, *et al.* 2001).

A nanotecnologia é utilizada para o desenvolvimento de biopesticidas, fertilizantes e muitos outros objectivos (Debnath *et al.* 2012; Scarfato *et al.* 2007). As nanopartículas têm grandes áreas de superfície, podem adsorver e ligar-se a muitos compostos, circular em sistemas de insectos/lepidópteros (Barik *et al.* 2008).

Os pesticidas botânicos podem ser uma melhor opção (Hammer *et al.* 2006). Os terpenos têm propriedades anti-alimentares e tóxicas para os insectos (Gonzalez-Comoma *et al.* 2005). O alfa-pineno encontrado em muitos óleos essenciais tem actividades como repelente e antifeedante (Fan *et al.* 2011), peixe-prata (Wang *et al.* 2007; Owolabi *et al.* 2009; Regnault-Roger *et al.* 1993).

Salem *et al.* 2017, uso de alguns inseticidas de origem vegetal em *Scritothrips citri* Moulton (Thysanoptera, Thripidae) na redação de distorções de frutas de laranja para exportação. O linalol é um álcool terreno encontrado em muitas flores e plantas de especiarias, também exibe propriedades fumigantes e tóxicas de contacto em pragas de produtos armazenados, (Loh *et al.* 2011; Abdelgaleil *et al.* 2009; Kostic *et al.* 2008; Dayan *et al.* 2009).

As substâncias botânicas activas são uma área importante da investigação agrícola. As formulações de nano são capazes de proteger as substâncias botânicas da degradação (Barik *et al.* 2008). Além disso, os nano-compósitos foram eficazes na redução da lixiviação e na foto-estabilização do herbicida trifluralina (El-Nahhal *et al.* 2001; Boehm *et al.* 2003).

A formulação de emulsões melhorou a estabilidade do pesticida insolúvel em água, b - cipermetrina (Wang *et al.* 2007). As microcápsulas carregadas de extrato de alho aumentaram a toxicidade para as pragas de produtos armazenados (Yang *et al.* 2009; Iconaru *et al.* 2012).

As nanopartículas têm uma vasta gama de aplicações industriais e biológicas (Majumder *et al.* 2007). Além disso, as nanopartículas de sílica (SNPs) foram utilizadas como entomotóxico contra *Sitophilus oryzae* (L.) (Debnath *et al.* 2011). As SNPs estavam a impedir o crescimento do vírus da poliedrose nuclear de *Bombyx mori* (L.) (Rahman, *et al.*, 2009 e Debnath, *et al.*, 2012). As nano partículas de sílica foram utilizadas para o controlo de insectos como sinergistas de compostos botânicos (Pathipati *et al.* 2014).

Por conseguinte, é essencial reduzir a utilização de pesticidas sintéticos em pulverização, utilizando produtos naturais seguros e amigos do ambiente. Os óleos essenciais são comprovadamente fontes potenciais de compostos alternativos. Estes óleos são conhecidos por serem amigos do ambiente (Isman 2006; Dayan *et al.* 2009; Malik *et al.* 2016; Abdel-Rahman &Abdel-Raheem 2018). O objetivo foi estudar o impacto dos óleos essenciais, (bulk & Nano) sobre *R. ferrugineus* e avaliar o efeito dissuasor da oviposição para evitar novas infestações.

Criação em massa de *R. ferrugineus*

As larvas e pupas *de R. ferrugineus* foram recolhidas de palmeiras infestadas. Os insectos foram incubados em caixas de plástico transparentes (120 × 60 × 30cm) em condições laboratoriais (Ahmed *et al.* 2015).

O caule da cana-de-açúcar, dividido longitudinalmente em pedaços de 10 cm, foi utilizado como fonte de alimento e substrato de oviposição. Os adultos emergidos foram diferenciados sexualmente e mantidos em recipientes separados com pedaços de cana-de-açúcar como alimento para o bioensaio.

Óleos essenciais (a granel e Nano)

No bioensaio foram utilizados óleos de beldroegas, de mostarda e de rícino. Foram obtidos por destilação a vapor de plantas secas (Guenther 1989). As emulsões de óleos foram preparadas da seguinte forma: cinco gotas de Triton X-100 como emulsionante foram misturadas cuidadosamente com 5 ml de cada óleo testado e, em seguida, foi adicionada água para obter as concentrações desejadas, (2%) em percentagem de (v/v).

O emulsionante foi misturado nas concentrações correspondentes e utilizado como controlo. O encapsulamento de nanopartículas é um método através do qual um produto químico é libertado lenta mas eficientemente para o hospedeiro específico para o controlo de pragas de insectos. "Os mecanismos de libertação incluem a dissolução, a biodegradação, a difusão e a pressão osmótica com um pH específico" (Vidhyalakshmi *et al.* 2009).

A nanoemulsão encapsulada de três óleos (rícino, mostarda e beldroegas) é preparada por homogeneização a alta pressão de 2,5% de tensioativo e 100% de glicerol (Sakulk *et al.* 2009). Foram preparadas quatro concentrações (3, 1,5, 0,5 e 0,05 %) para cada um dos óleos essenciais a granel testados e para os nano-óleos essenciais, as concentrações testadas foram (1,0, 0,5, 0,05 e 0,005 %).

Atividade larvicida dos óleos

As actividades insecticidas dos óleos foram experimentadas em concentrações testadas contra larvas de *R. ferrugineus.* Os grânulos de espuma pulverizados com os óleos testados foram misturados com uma fonte de alimento. Para cada concentração testada, foram utilizados quatro frascos de vidro como réplicas. Posteriormente, foram introduzidas dez larvas em cada frasco de vidro e cobertas com musselina para uma ventilação adequada.

Doze réplicas como larvas de controlo foram mantidas nas mesmas condições sem qualquer tratamento com óleos essenciais. A mortalidade foi avaliada após sete dias de exposição. Todos os testes foram efectuados a 26±2° C e 65±5% HR. O número de larvas mortas em cada frasco foi avaliado e a % de mortalidade foi calculada. A experiência foi repetida 4 vezes.

Os efeitos dissuasores da oviposição

Os grânulos de espuma pulverizados com os óleos foram misturados com uma fonte de alimento. A dissuasão da oviposição dos óleos foi experimentada colocando dois pares de adultos de *R. ferrugineus* de sexos mistos (2-3 dias de idade) com caules de cana-de-açúcar tratados ou não tratados com partículas de espuma em frascos de vidro (250 cc de capacidade) cobertos com musselina. *Os R. ferrugineus* foram deixados a pôr ovos e, em seguida, o número de ovos depositados em

Foram contadas nos frascos testados as fêmeas que tinham uma fonte de alimento tratada ou não tratada. Para cada concentração testada, foram utilizados quatro frascos de vidro como réplicas e o teste foi repetido três vezes.

A atividade larvicida dos óleos essenciais (a granel e Nano) foi estudada em *R. ferrugineus* após 7 dias de exposição (Quadros 12 e 13). A % de mortalidade aumentou com o aumento da concentração. A eficácia extrema dos óleos testados foi registada no óleo de Purslane (a granel e Nano) seguido da Mostarda em larvas *de R. ferrugineus*.

A % de mortalidade das larvas foi de (75,2, 54,0, 35,0 e 12,0 %) a concentrações de (3, 1,5, 0,5 e 0,05 %), respetivamente, no óleo de beldroegas (a granel) e de (45,3, 33,5, 25,9 e 16,5 %) a concentrações de (3, 1,5, 0,5 e 0,05 %), respetivamente, na mostarda. O óleo de rícino teve o menor impacto nas larvas *de R. ferrugineus*. Registou (17,9, 13,7, 11,9 e 7,3 %), respetivamente nas mesmas concentrações.

A % de mortalidade das larvas tratadas com Nano- Purslane em concentrações (1.0, 0.5, 0.05, e 0.005 %) registou (92.5 79.7, 67.9 e 26.4 %), respetivamente (Tabela 2). Além disso, a nano mostarda em concentrações (1,0, 0,5, 0,05 e 0,005 %) registou (84,4 75,9, 36,9 e 19,9 %), respetivamente.

O óleo de rícino teve o menor impacto nas larvas *de R. ferrugineus*. Registou (65,5, 50,5, 44,0 e 17,8 %), respetivamente, nas mesmas concentrações.

Foram experimentadas as eficácias dos óleos testados (a granel e Nano) como dissuasores de oviposição contra adultos de *R. ferrugineus* (quadros 14 e 15). O número de ovos postos diminuiu com o aumento das concentrações de óleo. O Bulk-Purslane foi o óleo mais significativamente eficaz como dissuasor de oviposição contra adultos de *R. ferrugineus* com 95,0± 2,0, 90,0± 2,0 e 85,0±3,0 ovos/fêmea a 0,5, 1,5 e 3,0 % de concentrações, respetivamente, em comparação com o controlo (250 ±0,5 ovos/fêmea) (Quadro 14).

Em comparação com outros nano-óleos testados, o Purslane como nano-fase tornou-se altamente significativamente mais eficaz como esterilizador contra gorgulhos adultos com 45,0 ± 2,0, 33,3 ± 2,0 e 20,2 ± 2,2 ovos/fêmea a 0,005, 0,05 e 0,1,0 % de concentrações, respetivamente. A nanofase de mostarda e rícino teve um efeito moderado de dissuasão da oviposição em comparação com o controlo (Tabela 15).

As tabelas 16 e 17 mostram que a % de mortalidade aumentou com o aumento da concentração. A eficácia extrema dos óleos testados foi registada no óleo de Purslane (a granel e Nano) seguido da Mostarda contra adultos de *R. ferrugineus*. A % de mortalidade dos adultos foi de (67,2, 45,3, 26,6 e 8,7 %) a concentrações de (3, 1,5, 0,5 e 0,05 %), respetivamente, no óleo de Purslane (a granel) e de (40,0, 28,3, 20,0 e 14,4 %) a concentrações de (3, 1,5, 0,5 e 0,05 %), respetivamente, na mostarda. O óleo de rícino foi o menos eficaz contra as larvas *de R. ferrugineus*.

Registou (15.6, 11.5, 10.0 e 4.8 %), respetivamente nas mesmas concentrações. A % de mortalidade dos adultos tratados com Nano- Purslane em concentrações (1,0, 0,5, 0,05 e 0,005 %) registou (83,5, 71,9, 54,0 e 23,0%), respetivamente (Tabela 6). Além disso, a nano mostarda em concentrações (1,0, 0,5, 0,05 e 0,005 %) registou (72,9, 63,5, 30,0 e 14,5%), respetivamente. O óleo de rícino teve o menor impacto contra os adultos de *R. ferrugineus*. Registou (60,0, 45,8, 21,9 e 12,0 %), respetivamente, nas mesmas concentrações.

Os nano-óleos foram mais eficazes do que os óleos a granel nas larvas de *R. ferrugineus*. O efeito larvicida (% de mortalidade) dos óleos tratados pode ser atribuído aos seus componentes químicos. Foram isolados vários componentes químicos da Purslane, como terpenóides, flavonóides, alcalóides, esteróis e outros. Os flavonóides possuem actividades biológicas como propriedades antibacterianas, antivírus e anti-inflamatórias (Xi Zhou *et al.* 2015).

Além disso, os principais constituintes das sementes de mostarda preta são a sinigrina e a mirosina e o seu óleo essencial contém mais de 90% de isotiocianato de alilo (AITC) (Olivier *et al.* 1999). A fumigação de (AITC) extraído de *Armoracia rusticana* mostrou uma forte toxicidade (100% de mortalidade) contra os adultos de quatro espécies testadas de insectos de produtos armazenados (Wu *et al.* 2009).

Um dia após a fumigação com óleos de canela, rábano e mostarda, a 0,7 mg /cm2, foram fortemente tóxicos contra escaravelhos adultos *Lasioderma serricorne* (Kim *et al.* 2003).

Não houve diferença significativa entre os óleos de mostarda e de rícino a uma concentração de 0,05%. Estes resultados estão de acordo com Parsia *et al.* 1990 que experimentaram a eficácia do óleo de amendoim e de mostarda contra *Callosobruchus maculates.*

O período de desenvolvimento, a emergência de adultos e o número de ovos postos diminuíram com o aumento da concentração do óleo testado. Durante o teste, a percentagem de traças emergidas foi significativamente suprimida com o óleo de Purslane (a granel e Nano), em comparação com o grupo não tratado.

Tabela (12): Óleos essenciais a granel contra larvas *de R. ferrugineus* a 26 ± 2 °C e 65±5 % H.R.

Bulk oil	Concentration %	% Mortality
Purslane	3.0	75.2^{a}
	1.5	54.0^{b}
	0.5	35.0^{b}
	0.05	12.0^{c}
Mustard	3.0	45.3^{b}
	1.5	33.5^{bc}
	0.5	25.9^{bc}
	0.05	16.5^{c}
Castor	3.0	17.9^{c}
	1.5	13.7^{c}
	0.5	11.9^{c}
	0.05	7.3^{cd}
Control	0.0	0.0^{d}
F test		23.1
LSD 5 %		10.3

(C_1, C_2, C_3 & C_4), 3.0, 1.5, 0.5and 0.05

Tabela (13): Nano óleos essenciais contra larvas *de R. ferrugineus* a 26 ± 2 °C e 65±5 % H.R.

Nano oil	Concentration %	% Mortality
Purslane	3.0	92.5^{a}
	1.5	79.7^{b}
	0.5	67.9^{c}
	0.05	26.4^{fg}
Mustard	3.0	84.4^{ab}
	1.5	75.9^{b}
	0.5	36.9^{ef}
	0.05	19.9^{fg}
Castor	3.0	65.5^{c}
	1.5	50.5^{d}
	0.5	44.0^{de}
	0.05	17.8^{fg}
Control	0.0	0.0^{h}
F test		25.7
LSD 5 %		10.7

(C_1, C_2, C_3 & C_4), 1.0, 0.5, 0.05 and 0.005

Tabela (14): Efeito deterrente de oviposição dos óleos a granel contra *R. ferrugineus*

Bulk	Concentration	Mean number of eggs / female ± S.E
Purslane	0.5	95.0 ± 2.0^{cd}
	1.5	90.0 ± 2.0^{cd}
	3.0	85.0 ± 3.0^{d}
Mustard	0.5	115.5 ± 2.3^{b}
	1.5	105.0 ± 2.2^{b}
	3.0	95.0 ± 0.2^{cd}
Castor	0.5	120.0 ± 2.2^{b}
	1.5	115.0 ± 2.0^{b}
	3.0	100.0 ± 2.2^{bcd}
Control	0.0	250 ± 0.5^{a}
F Value	40.0	
LSD	18.0	

(C_1, C_2, & C_3), 0.5, 1.5 and 3.0%

Tabela (15): Efeito dissuasor de oviposição dos nano-óleos contra *R. ferrugineus*.

Bulk	Concentration	Mean number of eggs / female ± S.E
Purslane	0.005	45.0 ± 2.0^{bc}
	0.05	33.3 ± 2.0^{bc}
	1.0	20.2 ± 2.2^{c}
Mustard	0.005	55.0 ± 2.2^{b}
	0.05	45.0 ± 3.2^{b}
	1.0	45.0 ± 3.2^{b}
Castor	0.005	60.0 ± 2.2^{b}
	0.05	50.0 ± 2.0^{b}
	1.0	35.0 ± 2.0^{bc}
Control	0.0	250 ± 0.5^{a}
F Value	30.0	
LSD	15.0	

(C_1, C_2, & C_3), 0.005, 0.05 and 1.0 %

Tabela (16): Óleos essenciais a granel contra adultos de *R. ferrugineus* a 26 ± 2 °C e 65±5 % H.R.

Bulk oil	Concentration %	% Mortality
Purslane	3.0	67.2^{a}
	1.5	45.3^{b}
	0.5	26.6^{c}
	0.05	8.7^{cd}
Mustard	3.0	40.0^{c}
	1.5	28.3^{c}
	0.5	20.0^{cd}
	0.05	14.4^{d}
Castor	3.0	15.6^{de}
	1.5	11.5^{d}
	0.5	10.0^{d}f
	0.05	4.8^{ef}
Control	0.0	0.0^{f}
F test		19.0
LSD 5 %		10.0

(C_1, C_2, C_3 & C_4), 3.0, 1.5, 0.5and 0.05

Tabela (17): Nano óleos essenciais contra adultos de *R. ferrugineus* a 26 ± 2 °C e 65±5 % H.R.

Nano oil	Concentration %	% Mortality
Purslane	1.0	83.5^{a}
	0.5	71.9^{bc}
	0.05	54.0^{ef}
	0.005	23.0^{gh}
Mustard	1.0	72.9^{b}
	0.5	63.5^{cd}
	0.05	30.0^{g}
	0.005	14.5^{hi}
Castor	1.0	60.0^{de}
	0.5	45.8^{f}
	0.05	21.9^{gh}
	0.005	12.0^{i}
Control	0.0	0.0^{j}
F test		18.0
LSD 5 %		9.0

(C_1, C_2, C_3 & C_4), 1.0, 0.5, 0.05 and 0.005

Óleos botânicos no gorgulho da palmeira vermelha, *Rhynchophorus ferrugineus* (Oliver)

As tamareiras são susceptíveis de serem atacadas por uma série de insectos nocivos. A praga mais grave foi o gorgulho vermelho da palmeira, *Rhynchophorus ferrugineus* (Oliver), Saleh (1992). Os óleos essenciais têm uma elevada volatilidade e toxicidade para as pragas e gorgulhos de grãos armazenados (Regnault-Roger e Hamraoui ,1995; Regnault-Roger,1997 e Shaaya *et al.* 1997).

Vários compostos químicos orgânicos foram isolados de plantas; incluem óleos fixos, óleos voláteis e outros constituintes de plantas que expressaram uma ação potencial contra espécies de insectos. A extração, o isolamento e a identificação dos óleos fixos foram estudados por (Abdallah *et al.* 1986; Moustafa *et al.* 1986; Baraka e EL-Hady 1993; Hussein e Shoukry, 1997; Shoukry - Karima, 2003).

El-Sayed *et al.* (1989) mencionaram que o óleo de milho e o óleo de coco utilizados em *Callosobruchus maculatus* reduziram a progenitura. Abdel-Kawy e Gharib (1991) afirmaram que os óleos de sementes de algodão, sésamo e amendoim mostraram eficácia no tratamento da farinha amarela de milho contra o gorgulho do arroz, *Sitophilus oryzae* (L.). Jood *et al.* (1993) utilizaram óleo de nim *(Azadirachta indica)*, pós de folhas e de sementes de nim, folhas de *Citrus limon*, *Allium sativum,* folhas de *Mentha spichata* em grãos de trigo a níveis de 1% e 2% (p/p) contra larvas de *Trogoderma granarium* Everts e verificaram que os produtos de nim impediram completamente os danos causados por populações de larvas introduzidas.

C. macculatus, a emergência de adultos foi completamente inibida por óleo de rícino, óleo de semente preta e azeite de oliva na concentração de 1% durante 30 dias (Swidan, 1996). Além disso, os óleos essenciais foram testados contra muitas espécies de insectos (Bouda *et al.*2001; Isikber *et al.* 2006). Os óleos voláteis de *Boxus chinensis* contra larvas de 10 dias de idade do *R. ferrugineus* mostraram efeitos toxicológicos e patológicos (Abdullah, 2009 e Ahmed *et al.*2015).

Huseyin *et al.*(2006) verificaram que os extractos etanólicos de algumas partes aéreas de espécies de lamiaceae apresentavam uma elevada atividade larvicida após 24 horas e que o óleo *de M. officinalis* (Linn.) era o mais tóxico contra as larvas de *Culex pipiens* Linn. Karahroodi- Zahra *et al.* (2011), utilizando seis óleos essenciais de *M. officinalis* (L.), *M. piperata* (L.), *P. sativum* (Hoffman), *L. angustifolia* (Mill.), *Z. Clinopodioides* (Lam.) e *A. dracunculus* (L.), em ovos e larvas de primeiro instar de *P. interpunctella, verificaram* que *M. officinalis* registou uma atividade ovicida moderada. Ben Jemâa *et al.* (2011) estudaram a composição química e a atividade repelente do óleo essencial *de Laurus nobilis* contra adultos de 7-10 dias de idade do escaravelho do cigarro, *Lasioderma serricorne.*

A ação repelente foi altamente dependente da concentração do óleo e do tempo de exposição e o óleo essencial *de L. nobilis* pode ter potencial como agente de controlo contra este besouro. O óleo essencial de *B. officinalis* (L.) mostrou um bom potencial larvicida após 48 horas de período de exposição contra *A. gambiae* (Kweka *et al.* 2012). O óleo essencial de *L. nobilis* mostrou uma forte toxicidade fumigante contra as larvas de *T. granarium* (Tayoub *et al.* 2012).

A capacidade da feromona de agregação para capturar mais fêmeas do que machos RPWs nas armadilhas torna a armadilhagem uma ferramenta potencial para a gestão de *R. ferrugineus* (El- Bokl *et al.* 2015 e khalaf *et al.* 2009). O pó de quatro plantas, *B. officinalis; M. piperta; Officinalis anisum; Eucalyptus glubulus* foi testado por Farman-Khansaa, (2009) no escaravelho da farinha vermelha, *Tribolium castaneum* e descobriu que *M. piperta* tinha a planta com maior eficiência repelente, seguida de *O. anisum, E. glubulus,* enquanto a mais baixa era *B. officinalis*. Neste estudo, quatro óleos botânicos de *Melissa officinalis, Borago officinalis, Laurus nobilis* e *Carapichea ipecacuanha* foram testados contra machos e fêmeas adultos recém-emergidos do gorgulho da palmeira vermelha, *R. ferrugineus* (Oliver), para investigar a sua atividade inseticida e os seus efeitos em alguns aspectos biológicos.

Os adultos de *R. ferrugineus* foram obtidos a partir de cocos recolhidos de tamareiras infestadas, incubados em caixas de plástico (120 × 60 × 30 cm). Estes cocos foram mantidos em toalhas húmidas até à emergência dos adultos. Os adultos recém-emergidos foram diferenciados sexualmente e alimentados com pequenos pedaços de caroço de palmeira vermelha.

Instalações usadas

As plantas objeto de investigação foram originalmente obtidas em mercados internacionais, identificadas, divididas em dois grupos: óleos fixos e óleos voláteis, estas plantas estão listadas no quadro (18)

Tabela (18): Plantas testadas.

Group	Plants		Family name	Used parts
	Common name	Scientific name		
A Fixed oils	Lemon balm	*Melissa officinalis*	Lamiaceae	Leaf
	Borage	*Borago officinalis*	Boraginaceae	Leaf
B Volatile oils	Bay Laurel	*Laurus nobilis*	Lauraceae	Leaf & fruit
	Rio ipecac	*Carapichea ipecacuanha*	Rubiaceae	Root &leaf

Extração de óleos

A extração de óleos fixos foi realizada a partir de partes de plantas esmagadas e previamente destiladas a vapor do grupo A, onde as plantas em pó seco foram maceradas em éter de petróleo (40/60) de acordo com (Harbourne, 1984 e El-Sayed *et al.* 1989).

Os extractos de éter de petróleo foram filtrados através de sulfato de sódio anidro. O solvente foi removido utilizando um evaporador rotativo. Os óleos voláteis foram extraídos das plantas do grupo B, utilizando a técnica de destilação a vapor de acordo com o método de Anderson *et al.* (1980).

Em seguida, os óleos foram saturados com cloreto de sódio e extraídos novamente com éter dietílico. Os extractos foram secos com sulfato de sódio anidro e evaporados sob pressão reduzida utilizando um aparelho de evaporação rotativa.

Métodos de bioensaio

As concentrações dos dois grupos de óleos foram preparadas e adicionadas 0,1% de tween ao óleo fixo como emulsionante. Os pedaços de palmito de tâmara foram lavados em cada concentração durante 20 segundos e deixados a secar à temperatura ambiente. Os pedaços tratados foram colocados separadamente em todas as réplicas de pares de adultos recém-emergidos ou larvas de 8 dias de idade da segunda geração. Para cada concentração, os indivíduos das larvas foram contados após 7 dias e após 10 dias para os adultos após os tratamentos em condições laboratoriais (30° C., 75 ± 5% H.R., e 12D : 12 L hrs.) para determinar a % de mortalidade.

A Tabela (19) mostrou que *a C. ipecacuanha* foi a mais tóxica para as larvas (LC_{50} =1260.09 ppm), seguida pelo óleo *de L. nobilis* (LC_{50} =2412.30) e depois *B. officinalis* (LC_{50} =2500.71 ppm). As potências relativas baseadas em *C. ipecacuanha* foram 1,20, 1,87 e 1,90 para *M. officinalis, B. officinalis* e *L. nobilis,* respetivamente. Os valores relativamente baixos das funções de declive revelaram a resposta homogénea dos estádios testados às diferentes concentrações dos óleos testados.

Tabela (19): Toxicidade e potência relativa dos óleos fixos e óleos voláteis em *R. Ferrugineus*

Botanical oil	Tested plant	LC_{50} (ppm) (Confidence limits)	Slope function	Relative Potency
8 days-old larvae:				
Fixed oils	*Melissa officinalis*	1600.635 (1260.820-2010.140)	2.300	1.200
	Borago officinalis	2500.712 (2368.900-2652.556)	4.333	1.871
Volatile oils	*Laurus nobilis*	2412.300 (2288.700-2522.806)	5.233	1.900
	Carapichea ipecacuanha	1260.093 (1030.866-1510.820)	2.533	1
Adult females:				
Fixed oils	*Melissa officinalis*	1280.556 (1140.284-1460.300)	2.000	1.200
	Borago officinalis	1350.210 (1230.500-1500.239)	2.500	1.270
Volatile oils	*Laurus nobilis*	1880.763 (1778.800-2000.500)	4.400	1.755
	Carapichea ipecacuanha	1060.500 (960.800-1170.130)	2.457	1
Adult males:				
Fixed oils	*Melissa officinalis*	1130.75 (1023.744-1252.700)	2.320	1.290
	Borago officinalis	1248.155 (970.053-1515.300)	3.120	1.400
Volatile oils	*Laurus nobilis*	1750.645 (1440.210-2020.120)	4.400	2.000
	Carapichea ipecacuanha	870.721 (780.840-970.900)	2.111	1

A Tabela (20) mostrou uma diminuição altamente significativa na longevidade de machos e fêmeas de *R. ferrugineus* quando tratados com os óleos vegetais de *M. officinalis* e *B. officinalis* como óleos fixos; *L. nobilis* e *C. ipecacuanha* como óleos voláteis. Além disso, o tratamento com os óleos vegetais testados de *M. officinalis, B. officinalis, C. ipecacuanha* e *L. nobilis* mostrou uma redução significativa na fecundidade.

A percentagem de eclosão dos ovos postos pelas fêmeas adultas tratadas com todos os óleos testados diminuiu significativamente. As percentagens de eclosão foram de 55,3±0,22% e 64,2±0,24% no caso do tratamento com os óleos voláteis *de C. ipecacuanha* e *L. nobilis*, respetivamente. Enquanto as percentagens de eclosão no caso do tratamento com os dois óleos fixos atingiram 58,8±0,3% em *M. officinalis* e 59,09±0,21% no óleo *de B. officinalis*.

A Tabela (21) mostrou que houve um aumento significativo na duração das larvas no caso do tratamento com os óleos voláteis, enquanto a análise estatística da diminuição da duração das larvas no caso do tratamento com os dois óleos fixos de *M. officinalis e B. officinalis* não foi significativa. O tratamento com *C. ipecacuanha* aumentou significativamente as durações pré-pupal e pupal, atingindo 7,0±0,34 e 11,3±1,2 dias, respetivamente.

Enquanto o tratamento com óleos fixos de *M. officinalis e B. officinalis* diminuiu de forma não significativa as durações pré-pupal e pupal. A redução altamente significativa da percentagem de pupação das larvas tratadas atingiu 40,2±0,2 % com *C. ipecacuanha,* 54,2±2,0 % com *M. officinalis,* 60,2±1,2 % com *B. officinalis* e 60,2±2,2 % com *L. nobilis,* enquanto a do controlo foi de 90,0±0,0%. O tratamento de 8 dias de larvas velhas com (LC_{50}) de óleos vegetais (óleos fixos e óleos voláteis) resultou numa redução significativa elevada da emergência de adultos (%). A longevidade dos machos e das fêmeas também diminuiu significativamente quando tratados com os dois óleos fixos e com os óleos voláteis e registou uma diminuição significativa da sua duração quando tratados com *C. ipecacuanha*.

Os óleos vegetais testados tiveram efeitos variáveis na fecundidade das fêmeas que emergiram das larvas tratadas. O número médio de ovos depositados por uma fêmea diminuiu significativamente no caso do tratamento com óleo de *C. ipecacuanha* e não foi significativo no caso do tratamento com *M. officinalis, B. officinalis e L. nobilis.* Além disso, a tabela (21) mostrou uma diminuição não significativa na eclosão (%) dos ovos postos pelas fêmeas que emergiram das larvas tratadas com Iiom, exceto no caso da *C. ipecacuanha*, que mostrou uma diminuição significativa. Ficou claro que os óleos vegetais (tanto os fixos como os voláteis) perturbaram seriamente alguns aspectos biológicos de *R. ferrugineus* (Oliver).

Tabela (20): Efeito de (LC_{50} s) de óleos vegetais em aspectos biológicos de adultos recém-emergidos de *R. ferrugineus*

Treatment		LC_{50} (ppm)		Adult longevity (days) Mean ± S.E.		Fecundity (eggs/♀) Mean ± S.E.	(eggs / ♀ / day) Mean ± S.E.	Fertility (eggs/♀) Mean ± S.E.	Hatching percentage (%) Mean ± S.E.
		♂	♀	♂	♀				
Control		-----------		140 ±3.10	130.23± 3.08	148 ±2.20	2.40 ±0.02	135.13 ±0.42	89.70 ±1.3
Fixed oils	Lemon balm (*Melissa officinalis*)	1138	1288	75.2 ±4.33**	82.45 ±2.2**	95.20 ±2.80**	1.13 ±0.52**	56.0 ±1.83**	58.8 ±0.3**
	Borage (*Borago officinalis*)	1357	1368	92.0 ±4.52**	103.65± 8.10**	120.0 ±1.79**	1.10 ±0.15**	72.30 ±1.66**	59.02 ±0.21**
Volatile Oils	Bay leaf (*Laurus nobilis*)	1753	1880	102.57 ±3.2**	112.30 ±3.2**	134.65 ±3.33**	1.1± 0.02**	85.65 ±2.1**	64.2 ±0.24**
	Rio ipecac (*Carapichea ipecacuanha*)	875	1050	61.61 ±3.2**	68.0 ±6.16**	75.32 ±8.30**	1.12 ±0.11**	42.47 ±4.20**	55.3 ±0.22**

Sem * Não significativo (P>0,05). * Significativo (P<0,05). ** altamente significativo (P<0,001)

Tabela (21): Efeito de (LC_{50} s) de óleos vegetais em diferentes aspectos biológicos de larvas de 8 dias de idade de *R. Ferrugineus*

Treatment		LC50 (ppm)	Larval duration (days) Mean ± S.E.	Pupal stage				Adult Longevity (days) Mean ± S.E.		Fecundity Mean ± S.E.	Hatching (%) Mean ± S.E.
				Prepupal Duration (days) Mean ± S.E.	Pupal Duration (days) Mean ± S.E.	pupation (%)	Mean ± S.E.	♂	♀		
Control		------	44.65± 2.30	5.0± 0.2	8.22± 0.32	90.0 ±0.0	84.0 ±0.2	140 ±2.2	132.3 2±3.2	150± 1.22	90.23 ±1.2
Fixed oils	*M. officinalis*	1600	37.2 ±1.6	3.6 ±0.3*	7.4 ±0.30	54.2 ± 2.0**	54.2 2±3 **	95.22 ±3.2 **	108.2 ±2.2*	118.9 ±2.5*	77.8 ±0.62
	B. officinalis	2510	39.9 ±2.4	4.3 ±0.4	8.0 ±0.20	60.2 ±1.2 **	61.9 ±0.4 **	115.3 ±2.2 *	120.9 ±1.7	135.8 ±2.5	83.8 ±0.2
Volatile Oils	*L. nobilis*	2420	55.5 ±2.0*	5.3 ±0.30	9.3 ±0.7	60.2 ±2.2 **	64.5 ±2.3 **	122.2 ±2.2*	124.9 ±2.2	140.0 ±2.5	85.3 ±0.2
	C. ipecacuanha	1260	65.0 ±2.0**	7.0 ±0.34*	11.3 ±1.2*	40.2 ±0.2 **	50.2 ±1.1 **	80.0 ±2.1 **	85.0 ±3.5**	100.0 ±3.2 **	75.0 ±0.3*

Sem * Não significativo (P>0,05). * Significativo (P<0,05). ** altamente significativo (P<0,001).

Os óleos essenciais de muitas plantas tornaram-se fontes promissoras de insecticidas. Foram efectuadas várias tentativas para explorar a toxicidade de derivados de plantas contra *R. ferrugineus* através da utilização de óleos essenciais.

Nassar e Abdullah (2005) testaram dois insecticidas naturais, o *óleo de Boxus chinensis* e o precoceno II, topicamente contra larvas, pré-pupas e adultos do gorgulho vermelho da palmeira, *R. ferrugineus*, e as larvas do escaravelho da palmeira, *pseudophilus testsceous*. Verificaram que as larvas de *R. ferrugineus* eram menos tolerantes ao óleo *de B. chinensis* e mais tolerantes ao precoceno II do que as larvas do escaravelho da palmeira.

Huseyin *et al.* (2006) estudaram a atividade larvicida de extractos etanólicos de algumas partes ariais de espécies de Lamiaceae contra *Culex pipiens* (Linn.). Verificaram que todos os extractos de plantas tinham uma forte atividade larvicida após 24 horas de exposição. O óleo *de Melissa officinalis* (Linn.) apresentou a maior atividade tóxica. Abdullah (2009) testou o óleo volátil de *Boxus chinensis* contra larvas de 10 dias de idade do gorgulho da palmeira vermelha, *R. ferrugineus*.

Verificou que tinha efeitos toxicológicos e patológicos nas larvas *de R. ferrugineus*. Os resultados do presente estudo, relativos à toxicidade dos quatro óleos botânicos para as larvas de 8 dias de idade e para os adultos de *R. ferrugineus,* mostraram que o óleo de (*C. ipecacuanha*) foi superior aos outros três óleos de palmeira-limão *(M. officinalis)*, folha de *louro (L. nobilis)* e borragem (*B. officinalis)*, enquanto a borragem foi o óleo menos tóxico.

A variação dos efeitos toxicológicos dos óleos testados pode dever-se a diferenças na sua composição química, bem como à variação da sensibilidade e da resposta das várias células e tecidos. Isto também pode depender da quantidade de veneno que atinge o local de ação.

Mostafa *et al.* (1995) mencionaram que os óleos voláteis de algumas plantas aumentavam a atividade da enzima desidrogenase málica (MDE) e diminuíam a atividade da enzima málica (ME) em larvas *de Pectinophora gossypiella* e *Erias insulana*. A partir dos dados acima mencionados, concluímos que os dois óleos fixos e os dois óleos voláteis causaram uma diminuição significativa semelhante na longevidade dos machos e das fêmeas.

Este resultado está de acordo com os resultados do estudo de Andronikashvili e Reichmuttfs (2003), que concluíram que o óleo volátil de *L. nobilis* tinha um efeito de repelência elevado em relação aos adultos do escaravelho da farinha vermelha, *Tribolium castaneum*, explicando a sua atividade inseticida moderada e reduzindo os períodos de longevidade dos machos e das fêmeas. Resultados semelhantes foram obtidos por Isikber *et al.* (2006).

Farman-Khansaa (2009) investigou o efeito repelente do pó de quatro plantas; *B. officinalis, M. piperta, O. anisum* e *Eucaluptus glubulus* contra os escaravelhos da farinha vermelha *Tribolium castanium,* reflectindo a primeira razão essencial da diminuição da longevidade do escaravelho, que se deve à sua elevada repelência. A mesma elevada repelência foi registada por Ben Jemâa *et al.* (2011) contra adultos do escaravelho do cigarro *Lasioderma serricorne*, e também levou à diminuição da longevidade dos adultos. Também Mohamad *et al.* (2011) estudaram as causas do efeito de atração e repelência de alguns extractos de plantas de folhas e raízes de Borago e Tages contra o gorgulho do feijão-frade do Sul, *C. maculates* (Fab.).

Os resultados mostraram diferenças significativas no efeito de atração e repelência de acordo com o tipo de planta extraída e a concentração. Quando a repelência ocorre, refere-se à principal razão da diminuição dramática da longevidade do gorgulho. O mesmo resultado foi obtido pelo óleo volátil e isto é semelhante aos resultados obtidos por Karahroodi- Zahra *et al.* (2009) que chegaram à conclusão de que os óleos voláteis de *M. officinalis* tinham uma repelência moderada contra adultos de *P. interpunctella*, reflectindo a primeira razão essencial da diminuição da longevidade do gorgulho. Além disso, o presente estudo revelou que tanto os óleos fixos como os voláteis causaram uma diminuição significativa da longevidade dos machos e das fêmeas.

Este resultado foi confirmado por Andronikashvili e Reichmuth (2003) que ilustraram que o óleo volátil de *L. nobilis* tinha um efeito de repelência elevado em relação aos adultos do escaravelho da farinha vermelha, *T. Castaneum*. Resultados semelhantes foram obtidos por Isikber *et al.* (2006). O presente estudo revelou que os óleos fixos diminuíram notavelmente o número médio de ovos depositados pelas fêmeas tratadas. Este facto foi confirmado pelos resultados de Schoonhoven (1978) e Shankaranarayana *et al.* (1979). Singh *et al.* (1978) mencionaram que o óleo de amendoim impediu o aparecimento de descendência em vez de afetar a oviposição de *C. maculates*. Abdel-Kawy e Gharib (1991) indicaram que os óleos de sementes de algodão, de sésamo, de amendoim e de parafina reduziam o número de descendentes de *Sitophilus oryzae*.

Taheya e Al-Moagel (1993) indicaram que o extrato de curcuma reduziu a descendência F1 do escaravelho khapra e interferiu com o seu desenvolvimento. Regnault-Roger e Hamraoui (1995) mostraram que os óleos voláteis de *L.nobilis* podiam proteger o feijão-frade através de um efeito inseticida direto ou retardado, através do aumento da mortalidade dos adultos e da inibição da reprodução do escaravelho *Acanthoscelides obtectus* (Say).

Além disso, os autores deste estudo concluíram que os tratamentos com óleos fixos e voláteis tiveram um efeito significativo no potencial reprodutivo de *R. ferrugineus* (Oliver).

O número médio de ovos postos por fêmea e a taxa de eclosão (%) foram significativamente reduzidos. Vários autores obtiveram resultados semelhantes relacionados com a fecundidade de outros insectos tratados com óleos voláteis (Frik e Nazirov 1981; Dongre e Rahalkar 1982). Nassar (1995) afirmou que a esterilidade completa dos adultos de *Muscina stabulans* foi conseguida através do tratamento das larvas com alguns extractos de plantas e Hussein (1995) referiu que o tratamento do segundo instar larvar de *Parasarcophaga aegyptiaca* com alguns óleos voláteis de plantas induziu uma redução notável do potencial reprodutivo dos adultos em desenvolvimento. Shoukry-Karima (2003) afirmou que os óleos voláteis de plantas testados de *Pipe rcubebae* e *Sativa officinalis* tiveram um efeito de diminuição altamente significativo na percentagem de pupas, na percentagem de emergência de adultos, na fecundidade, na fertilidade e na eclodibilidade das fêmeas emergidas de larvas tratadas de *P. interpunctella*. Em contrapartida, Singh *et al.* (1989) verificaram que os óleos voláteis extraídos das plantas *Callicarpa macrophylla* e *Zanthoxylum alatum* aumentavam a fecundidade de *S. oryzae* e *Sitophilus granarius*.

Karahroodi- Zahra *et al.* (2011) referiram a grande toxicidade dos óleos essenciais voláteis de *M. officinalis* contra as larvas de primeiro instar e os ovos de *P. interpunctella*, levando a uma diminuição significativa do número de ovos eclodidos.

Karahroodi- Zahra *et al.* (2008) investigaram a toxicidade fumigante do óleo essencial de *M. officinalis* L. contra larvas de primeiro instar e ovos de *P. interpunctella* (Hübner), revelando um efeito ovicida moderado e um efeito de dissuasão dos ovos contra esta praga. Nassar e Abdullah (2001 e 2005) registaram algumas anomalias morfogenéticas das pupas do gorgulho da palmeira vermelha, resultando numa eclusão incompleta dos adultos devido ao tratamento com azadiractina e *Boxus chinensis*. O mesmo resultado foi também registado por Bream *et al.* (2001). Como a maioria dos pupários não conseguiu chegar a adultos (pupários abortados).

Fauna de Parlatoria blanchardi Scales (Targioni-Tozzetti)

Fig. (25): *Parlatoria blanchardii*

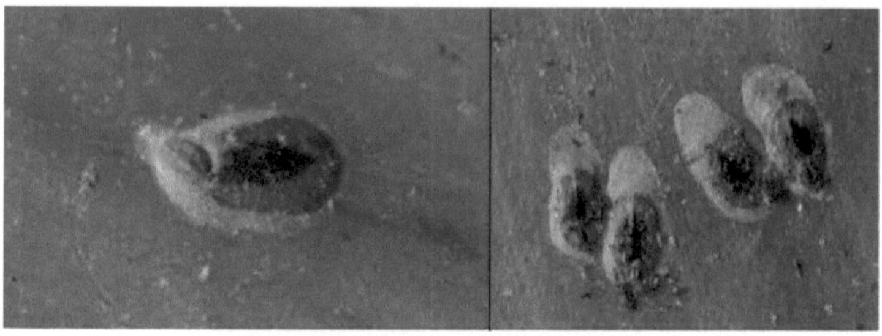

Fig. (26): *Parlatoria blanchardii*

***Parlatoria blanchardi*, a cochonilha da tamareira**, é uma espécie de cochonilha armada da família Diaspididae. É uma praga grave e generalizada das palmeiras, tanto das tamareiras como das espécies ornamentais.

A cochonilha da tamareira, *Parlatoria blanchardi* (Targioni-Tozzetti, a seguir designada por "cochonilha da tamareira") é considerada uma das pragas mais destrutivas das tamareiras.

Esta espécie de praga danifica os folíolos, as folhas e os frutos das tamareiras, sugando a seiva das plantas com as suas partes bucais, causando subsequentemente deformações, desfoliação e morte das frondes devido ao facto de as escamas das tamareiras terem saliva tóxica, o que resulta numa redução da produção.

Os danos nas folhas das tamareiras também reduzem a fotossíntese e a respiração, o que leva ao enrolamento, amarelecimento e queda das folhas.

A principal caraterística das infestações por cochonilhas das tamareiras é o aparecimento e a acumulação de cochonilhas nas folhas das tamareiras. As direcções cardeais das secções das tamareiras influenciam os padrões de voo e de dispersão dos insectos. A maioria dos insectos desloca-se no eixo Este-Oeste, em vez de no eixo Norte-Sul.

Este hábito de dispersão dos insectos ajuda a formular métodos específicos de monitorização e gestão para o controlo de pragas. A monitorização das plantações afectadas por pragas ajuda a formular abordagens de gestão de pragas.

A falta de informação publicada sobre o destaque de partes específicas das tamareiras a serem visadas para o controlo de infestações de pragas justificou a realização deste estudo, cujo objetivo foi estimar o padrão de distribuição espacial das cochonilhas das tamareiras em relação às direcções cardeais das secções das tamareiras, bem como às superfícies foliares e partes das frondes das árvores.

Descrição

O teste da fêmea adulta tem uma forma oval alongada e é esbranquiçado, com uma zona elevada castanha clara e uma zona central castanha mais escura ou preta. Por baixo da escama, o inseto é quase circular, rosa no início, mudando para castanho-amarelado quando maduro. O testo do macho é esbranquiçado e também oval alongado, mas é mais pequeno do que o testo da fêmea. Os machos podem ser alados ou não, mas as fêmeas nunca têm asas

Distribuição

Pensa-se que *a Parlatoria blanchardi* é originária da Mesopotâmia, mas espalhou-se por muitas outras regiões tropicais e subtropicais. Ocorre no Norte de África, na Arábia Saudita, em França, em Espanha, em Itália, em Israel, na Jordânia, na Síria, na Turquia, no Afeganistão, no Irão, no Iraque, no Turquemenistão, no Paquistão e na Índia. Também ocorre na Austrália, nos Estados Unidos, no Brasil, na Bolívia e na Argentina.

Anfitriões

Esta cochonilha é principalmente uma praga das palmeiras, mas foi registada em dez géneros de quatro famílias de plantas. As espécies afectadas incluem as palmeiras *Chamaerops humilis, Hyphaene thebaica, Latania, Nannorrhops, Phoenix canariensis, Phoenix dactylifera, Pritchardia* e *Washingtonia filifera*, bem como *Jasminum, Vinca major* e *Ziziphus mauritiana.*

Ecologia

Parlatoria blanchardi é uma praga grave das tamareiras comerciais e das palmeiras ornamentais, afectando particularmente as árvores negligenciadas. As infestações tendem a concentrar-se na copa e nas folhas, sendo os tecidos suculentos na base dos caules das folhas particularmente afectados.

Os insectos podem ser vistos nos folíolos, onde formam pequenas manchas de tecido morto, mas a maioria não é detectada sob os caules das folhas.

O vigor da árvore é reduzido, as lâminas das folhas podem murchar e as tâmaras podem não ser vendáveis. Em 1920, uma infestação particularmente grave na Argélia matou cerca de 100.000 tamareiras.

Escama vermelha da tâmara, Phoenicococcus marlatti (galo)

A tamareira *(Phoenix dactylifera)* é provavelmente a árvore cultivada mais antiga do mundo. Embora a sua ascendência seja incerta, acredita-se que seja originária de África. Em 1912, foi introduzida na América do Norte (Zaid et al. 2002).

As tamareiras são de tamanho médio (15-25 m de altura) e são amplamente cultivadas para o fruto altamente nutritivo da tâmara. Várias doenças e pragas atacam a tamareira e a cochonilha vermelha, *Phoenicococcus marlatti* (Cockerell), é uma das suas pragas económicas mais importantes.

DISTRIBUIÇÃO

A tamareira vermelha é originária do Norte de África e do Médio Oriente, mas foi encontrada em quase todos os locais onde se cultivam tamareiras, incluindo a Europa, a Ásia, a região das Caraíbas, a América do Norte, a América Central e a América do Sul (Miller et. al. 2007).

Nos Estados Unidos, encontra-se numa distribuição limitada na Florida. As populações de cochonilhas das tamareiras foram interceptadas e erradicadas no Arizona, Califórnia e Texas (Ferris 1942, Miller e Gimpel 2009, Stickney et al. 1950).

CARACTERÍSTICAS DO CAMPO

Tal como acontece com a maioria dos insectos cochonilhas, a fêmea adulta é a melhor fase de vida para a identificação no campo e no laboratório. As fêmeas adultas são insectos pequenos, de forma esférica, com um comprimento de corpo de aproximadamente 1 a 1,5 mm (0,04 a 0,06 polegadas) e pernas reduzidas ou ausentes. As fêmeas adultas são de cor vermelha a castanha-avermelhada e podem ser encontradas incrustadas numa massa de cera branca e cotonosa no tecido vegetal (Miller et al. 2007, Avidov e Harpaz 1969, Stickney et al. 1950).

Fig. (27): Corpo castanho-avermelhado de fêmea adulta de tâmara vermelha, *Phoenicococcus marlatti* (galo)

A cera forma-se à volta do corpo e, muitas vezes, cobre-o completamente sob a forma de fios brancos brilhantes e encaracolados. Os ovos são lisos, ovais e de cor rosada. Os machos e os primeiros instares de ambos os sexos têm olhos, antenas e patas bem desenvolvidos. A cera é mais densa nos machos do 2º instar, mas está presente em quantidade suficiente para cobrir completamente o corpo em todos os instares de machos e fêmeas. Antes da emergência como adultos, podem ser visíveis pequenos casulos brancos alongados e sem asas nos machos.

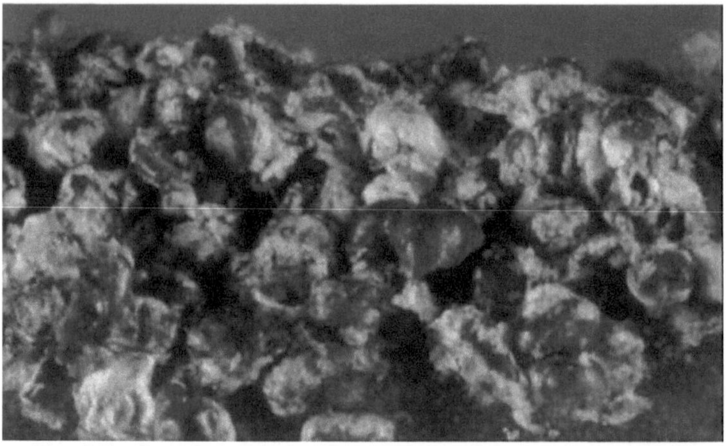

Fig. (28): Corpo castanho-avermelhado de fêmea adulta de tâmara vermelha, *Phoenicococcus marlatti* (galo), com cera branca à volta do corpo.

CICLO DE VIDA

Normalmente ocorrem quatro gerações por ano nos EUA, sendo possível a sobreposição de gerações com todos os instares presentes em simultâneo (Avidov e Harpaz 1969). O tempo de desenvolvimento varia entre 60-158 dias, dependendo da temperatura (Zaid et al. 2002).

As fêmeas têm três instares ou estádios de desenvolvimento. Os machos têm cinco instares, com a fase final de desenvolvimento a aparecer como um casulo branco (Stickney et al. 1950).

Alguns ovos eclodem dentro da fêmea, resultando no nascimento vivo (ou seja, reprodução vivípara) de cochonilhas. Os restantes ovos são postos no exterior do corpo (Avidov e Harpaz 1969). Depois de os ovos eclodirem ou de os rastejantes emergirem do corpo da fêmea, os imaturos ou "rastejantes" movem-se ativamente e alimentam-se livremente, inserindo as suas peças bucais em forma de agulha na planta hospedeira. Uma vez iniciada a alimentação, são segregadas camadas de cera branca que cobrem o seu corpo.

Logo após a muda das fêmeas, os machos, que são incapazes de se alimentar, acasalam com elas e morrem. Quando as fêmeas são fertilizadas, o desenvolvimento e a produção de ovos ocorrem rapidamente (Zaid et al. 2002).

HOSTS

O hospedeiro da cochonilha da tâmara vermelha restringe-se geralmente às palmeiras (família Arecaceae) do género *Phoenix* e tem o nome do seu hospedeiro preferido, a tamareira, *Phoenix dactylifera.*
Outros hospedeiros de palmeiras relatados (Miller e Gimpel 2009, Stickney et al. 1950, Sinacori 1995) incluem:

Calamus e *Daemonorops* spp., palmeiras de rotim

Pandanus sp.

Phoenix canariensis, tamareira das Ilhas Canárias

Phoenix reclinata, tamareira do Senegal

Phoenix roebelenii, tamareira pigmeia

Washingtonia filifera, palmeira da Califórnia, palmeira de Washington, palmeira de algodão americana, palmeira do deserto

Além disso, a cochonilha da tâmara vermelha foi registada em *Eucalyptus* sp. (família Myrtaceae) (Kozár e Drozdják 1998).

DANOS GERAIS NAS PLANTAS

A cochonilha da tâmara vermelha estabelece-se normalmente na base das frondes, perto do tronco ou no meio das folhas e nos caules dos frutos. As folhas, caules, tronco e frutos da planta hospedeira, bem como as raízes expostas e subterrâneas também podem ser infestadas. Podem ocorrer danos extensos que não são detectados até à poda.

Fig. (29): Fêmea adulta de tamareira vermelha, *Phoenicococcus marlatti* (galo) em tamareira do Senegal, *phoenix reclinata* Jacq.

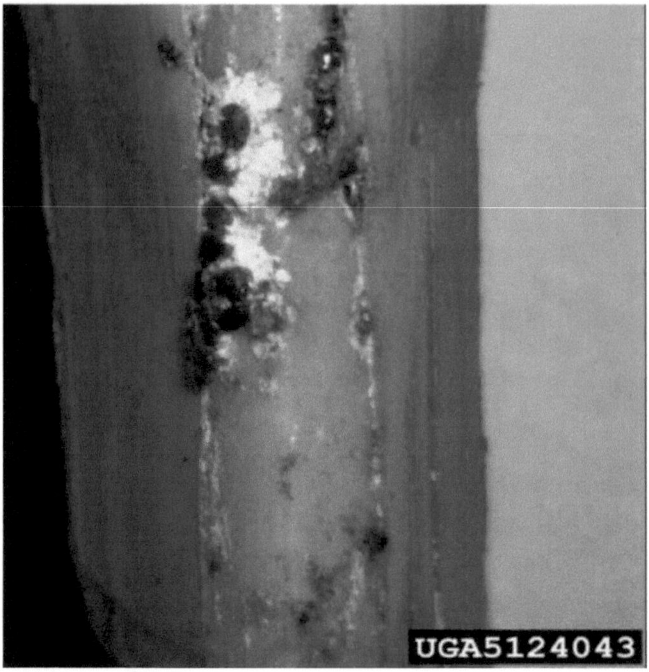

Fig. (29): Fêmea adulta de cochonilha-vermelha, *Phoenicococcus marlatti* (galo) em *phoenix spp.*

O envelhecimento prematuro das folhas, a secura dos frutos, a perturbação das funções metabólicas normais da planta e até a morte da planta podem resultar de infestações pesadas (Zaid et al. 2002).

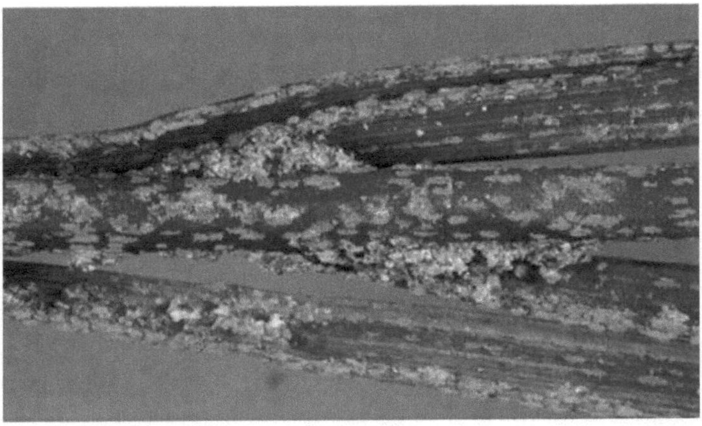

Fig. (30):Infestação intensa de cochonilha vermelha, *Phoenicococcus marlatti* (galo)

GESTÃO

A gestão das cochonilhas começa com a deteção e identificação da praga. As cochonilhas podem ser muito pequenas ou assemelhar-se a organismos patogénicos ou mesmo a estruturas vegetais, o que dificulta a sua deteção. A monitorização regular permitirá a deteção precoce destas pragas antes que os danos sejam óbvios e permitirá também um melhor controlo. Todas as partes das plantas devem ser examinadas, incluindo a parte inferior das folhas, os caules e as raízes. A inspeção das plantas antes de as introduzir na paisagem, no viveiro ou na coleção é muito importante para reduzir novas infestações de cochonilhas.

Uma pulverização rápida de água também pode ser útil para remover as escamas e reduzir as populações. A exposição das raízes do hospedeiro ao calor húmido e à água quente foi referida como um tratamento possível (Stickney et al. 1950).

As cochonilhas são normalmente atacadas por predadores, parasitas e doenças que podem ajudar a gerir as populações de cochonilhas, especialmente para o controlo a longo prazo. É importante reconhecer a presença de insectos benéficos e tomar medidas para os conservar no ambiente, de modo a que estejam disponíveis para controlar os insectos praga.

Os Acari da família Eupodidae; *Laemonphloeus* sp. (família Laemophloeidae, superfamília Cucujoidea); *Cybocephalus californicus* (família Nitidulidae); e os Coccinellídeos, *Chilocorus* sp. e *Pharoscymnus anchorago* (Fairmaire), são predadores da cochonilha-da-data-vermelha (Miller e Gimpel 2009, Stickney et al. 1950, Zaid et al. 2002).

É muitas vezes necessário gerir as cochonilhas com insecticidas, pelo que é importante selecionar os insecticidas, o momento e os métodos de aplicação adequados para reduzir qualquer impacto negativo nos inimigos naturais, mas ainda assim obter o máximo controlo.

Os insecticidas de contacto proporcionam, normalmente, uma eliminação rápida da praga, mas exigem uma boa cobertura e, geralmente, aplicações repetidas. A fase mais suscetível aos insecticidas de contacto é a fase de rastejante.

Os óleos vegetais e os sabões insecticidas também podem proporcionar um bom controlo, mas devem ser tratados como insecticidas de contacto, que exigem uma cobertura completa e aplicações repetidas.

Os insecticidas sistémicos podem constituir excelentes opções para o controlo das cochonilhas e proporcionar alguma flexibilidade em termos de calendário e métodos de aplicação. Estes insecticidas movem-se através da planta e constituem uma excelente forma de expor as cochonilhas ao inseticida quando se alimentam da planta.

É importante não utilizar os insecticidas em excesso ou de forma incorrecta, o que pode conduzir a numerosos problemas, incluindo a resistência aos insecticidas. Para evitar a resistência aos insecticidas, é fundamental fazer uma rotação entre grupos de insecticidas.

Florida Insect Management Guide for Scale Insects and Mealybugs on Ornamental Plants: http ://ufdc. ufl. edu/l/IR00002883/00001.

Cochonilha rosada do hibisco, Maconellicoccus hirsutus

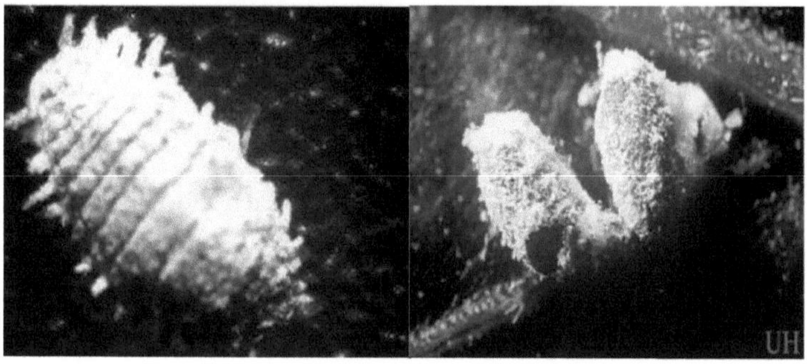

Fig. (31): ***Maconellicoccus hirsutus,***

Maconellicoccus hirsutus, (também conhecida como **cochonilha rosa**, **da uva** ou **do hibisco**) é uma praga de muitas plantas, árvores e arbustos. Infesta o hibisco, os citrinos, o café, a cana-de-açúcar, as anonas, as ameixas, a goiaba, a manga (embora a cochonilha da manga seja mais problemática), o quiabo, a azeda, a teca, a moreira, o feijão-frade, o amendoim, a videira, o milho, os espargos, o crisântemo, o feijão, o algodão, a soja, o cacau e muitas outras plantas.

A praga forma colónias na planta hospedeira e, se não forem perturbadas, as colónias transformam-se em grandes massas de coberturas cerosas brancas em ramos, estruturas de frutificação, folhas e mesmo em plantas inteiras, incluindo árvores de grande porte.

Distribuição

Maconellicoccus hirsutus é nativo do sul da Ásia (Williams, 1996), mas foi introduzido acidentalmente noutras partes do mundo (mais recentemente na América do Norte (oito estados) e no México, na América

Central (quatro países), no norte da América do Sul (seis países) e no Norte de África (dois países) (EPPO, 2020; García Morales et al., 2020) e nas Caraíbas, onde se espalhou por mais de 25 territórios e continua a alargar a sua área de distribuição (Kairo et al., 2000).

Ocorre tão a norte como Chipre, Grécia, Irão, Israel, Líbano e Turquia (EPPO, 2011, 2020; Ülgentürk et al., 2015; Milonas e Partsinelevos, 2017; García Morales et al., 2020), pelo que não há razão para que não possa colonizar o sul dos EUA, o sul da Europa e outras partes do Médio Oriente onde ainda não é conhecida.

A descrição de Green (1908) incluía material da Tasmânia, mas este é atualmente considerado como uma espécie separada, *M. tasmaniae* (Williams, 1985).

Habitat

Maconellicoccus hirsutus forma colónias densas em fendas e fissuras. A forte distorção do novo crescimento causada pela cochonilha em muitos hospedeiros cria um microhabitat para elas (Ghose, 1972a; Beardsley, 1985). As colónias em espaços tão apertados podem ser difíceis ou impossíveis de alcançar pelos inimigos naturais, especialmente os predadores coccinelídeos de maiores dimensões.

Lista de habitats

Hospedeiros/Espécies afectadas

Maconellicoccus hirsutus é altamente polífago e foi registado alimentando-se de hospedeiros de 78 famílias de plantas e 224 géneros de plantas (García Morales et al., 2020); mostra alguma preferência por hospedeiros das famílias Malvaceae, Fabaceae e Moraceae. Um dos hospedeiros mais comuns e preferidos é o *Hibiscus rosa-sinensis*.

Mani (1989), Garland (1998), Miller et al. (1999) e García Morales et al. (2020) apresentam listas exaustivas de hospedeiros. Quando introduzido em países tropicais na ausência de quaisquer inimigos naturais, *M. hirsutus* ataca uma vasta gama de plantas (geralmente lenhosas), incluindo espécies agrícolas, hortícolas e florestais. Foi registada a atacar o algodão *(Gossypium)* e a soja *(Glycine max),* ambas plantas anuais que raramente são atacadas por cochonilhas (Williams, 1986). No entanto, nas Caraíbas, só desenvolveu populações seriamente prejudiciais em menos de 20 espécies de plantas hospedeiras (Kairo et al., 2000).

À medida que *o M. hirsutus* se espalha no sul dos EUA e no sul da Europa, pode ameaçar culturas como as uvas *(Vitis vinifera)* e o algodão (Williams, 1996).

O M. hirsutus pode ser criado em laboratório em abóboras *(Cucurbita),* especialmente nas variedades com pregas na pele (abóbora japonesa, *Cucurbita moschata*; abóbora de bolota, *Cucurbita pepo* var. *turbinata*) e em batatas irlandesas *(Solanum tuberosum)* em germinação (Mani, 1990; Meyerdirk, 1997; Serrano e Lapointe, 2002).

Biologia e Ecologia

O movimento local de *M. hirsutus* ocorre na fase de primeiro ínstar (rastejante). Os rastejantes são muito pequenos (0,3 mm de comprimento), leves e podem sobreviver cerca de um dia sem se alimentarem. Não conseguem andar muito longe sozinhas, mas são ideais para serem transportadas pela água, pelo vento e por agentes animais, incluindo animais domésticos e o homem.

Misra (1920) registou o transporte de *M. hirsutus* por ninfas de outra espécie de cochonilha *(Ferrisia virgata)* na Índia. As introduções acidentais em novos países ocorrem aparentemente através de material vegetal infestado.

Quando a lagartinha se instala num local de alimentação, o desenvolvimento continua; há três instares imaturos na fêmea e quatro no macho. As lagartas instalam-se em fendas e fissuras, geralmente em novas plantas que se tornam gravemente atrofiadas e distorcidas, nas quais se desenvolvem colónias densamente compactadas; Kairo et al. (2000) descrevem os sintomas em pormenor. Embora a reprodução em muitos países seja sexuada, *M. hirsutus* é relatado como sendo principalmente partenogenético no Egito (Hall, 1921) e em Bihar, na Índia (Singh e Ghosh, 1970).

Em Bengala Ocidental, na Índia, *M. hirsutus* está registado como sendo biparental (Ghose, 1971b, 1972a) e parece provável que as populações das Caraíbas sejam também biparentais (Williams, 1996). Os machos têm uma fase de pupa capaz de se locomover (Bartlett, 1978).

O ciclo de vida foi estudado na Índia (Mani, 1989). Cada fêmea adulta põe 150-600 ovos durante um período de cerca de 1 semana e estes eclodem em 6-9 dias (Bartlett, 1978; Mani, 1989). Em condições quentes, a geração completa-se em cerca de 5 semanas (Bartlett, 1978), embora Ghose (1972b) tenha registado um tempo de geração de apenas 23 dias em laboratório. Em países com um inverno frio, a espécie sobrevive a condições frias sob a forma de ovos (Bartlett, 1978) ou outros estádios, tanto na planta hospedeira como no solo (Pollard, 1995).

Podem ocorrer até 15 gerações por ano (Pollard, 1995). Não há dados registados sobre a reprodução de *M. hirsutus* nas regiões tropicais (Williams, 1996).

As infestações de *M. hirsutus* estão frequentemente associadas a formigas acompanhantes (Ghose, 1970), que recolhem a melada açucarada das cochonilhas. As formigas registadas como acompanhantes *de M. hirsutus* incluem *Oecophylla* sp., *Iridomyrmex* sp. e *Solenopsis* sp. (Williams e Watson, 1998) nas Ilhas Salomão e na Papua Nova Guiné. As associações de formigas na Índia são apresentadas por Mani (1989).

Ciclo de vida

Tanto as fêmeas como os machos adultos das cochonilhas dos hibiscos têm cerca de 3 mm de comprimento. Os corpos das fêmeas são cor-de-rosa com uma cobertura de cera branca. Não têm asas e apresentam-se como formas ovóides cobertas por uma massa de cera branca. Os machos têm um par de asas e duas longas caudas cerosas e são capazes de voar.

A fêmea adulta põe os ovos num saco de ovos de cera branca, geralmente em grupos nos galhos, ramos e casca da planta hospedeira, e também nas folhas e extremidades terminais da planta. Os ovos são inicialmente cor de laranja, mas tornam-se cor-de-rosa quando amadurecem. O desenvolvimento dos ovos demora entre 3 e 9 dias. Os ovos são minúsculos, variando de 0,3 a 0,4 mm de comprimento e chegam a ter 654 ovos por saco.

Na sua fase de ovo, a cochonilha do hibisco dispersa-se mais facilmente pelo vento. A cera, que se cola a cada ovo, facilita também o transporte passivo por animais ou pelo homem. A reprodução pode ocorrer por partenogénese na ausência do macho.

As ninfas recém-nascidas são chamadas de rastejantes e são muito móveis. Podem dispersar-se pelo hospedeiro, especialmente em direção a partes tenras em crescimento, ou ser levadas pelo vento, pelo homem ou por animais. Os estádios ninfais são muito parecidos com a forma da fêmea, mas as ninfas femininas têm três instares, enquanto as ninfas masculinas têm quatro instares.

O último instar do macho é uma fase inativa com botões de asas dentro de um casulo de cera farinhenta. As fases ninfais podem durar até 30 dias. A cochonilha do hibisco pode completar todo o seu ciclo de vida em 23 a 30 dias. Em condições óptimas de laboratório, podem ocorrer até 15 gerações por ano.

Efeitos e distribuição

Fig. (32): Árvore *de Albizia saman* infestada e morta

Enquanto se alimenta, a cochonilha do hibisco injecta na planta uma saliva tóxica que resulta no crescimento deficiente das folhas e dos rebentos, no atrofiamento e, por vezes, na morte. As folhas apresentam um enrolamento caraterístico, semelhante aos danos causados por vírus. As plantas muito infestadas apresentam entrenós encurtados, o que leva a um rearranjo ou a um aspeto de "cacho".

Nas folhas e caules de uma planta infestada pode desenvolver-se um bolor pesado, negro e fuliginoso, devido às fortes secreções de mel da cochonilha. Quando os frutos são infestados, podem ficar totalmente cobertos com o revestimento ceroso branco da cochonilha. A infestação pode levar à queda dos frutos, ou os frutos podem permanecer no hospedeiro num estado seco e enrugado. Se as flores forem atacadas, os frutos têm um desenvolvimento deficiente. Em plantas como o amendoim, a batata e algumas gramíneas, a praga tem atacado os sistemas radiculares.

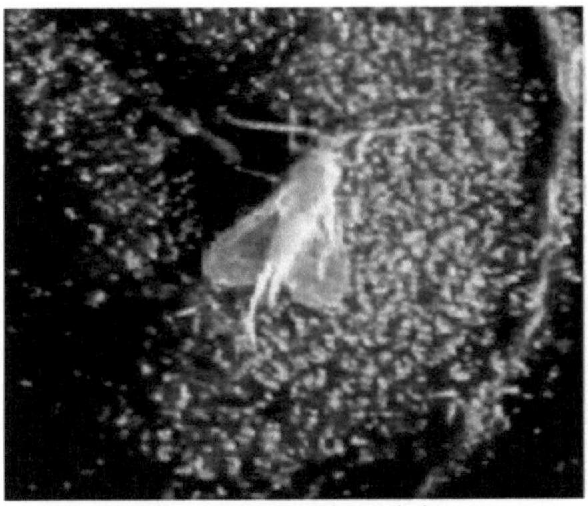

Fig. (33): Macho adulto

Esta praga ocorre na maioria das zonas tropicais do mundo, incluindo a Ásia, o Médio Oriente, a África, a Austrália e a Oceânia. A cochonilha do hibisco chegou ao Egito vinda da Índia em 1912 e ao Havai em 1984. Finalmente, apareceu em Granada, Trinidad e São Cristóvão na década de 1990.

É uma praga muito grave nas Caraíbas, onde ataca muitos hospedeiros de importância económica e perturba o comércio agrícola e o comércio das Caraíbas. Sabe-se que os rastejantes sem asas, as ninfas e as fêmeas percorrem curtas distâncias no solo para chegar a outras plantas hospedeiras em campos adjacentes.

O comércio agrícola é também responsável pela propagação da praga. A espécie tinha-se espalhado pela Califórnia, México, América Central e pela Florida em 2002. A fêmea adulta da cochonilha produz uma mistura de dois compostos que funcionam como uma feromona sexual feminina, altamente atractiva para os machos.

A feromona pode ser utilizada para capturar os machos ou para indicar a presença de uma população de cochonilhas rosadas no campo.

Notas sobre os inimigos naturais

Kamal (1951), Ghose (1970), Beardsley (1985) e Mani (1989) mencionam pelo menos 30 espécies de inimigos naturais de *M. hirsutus* de 11 famílias em seis ordens na Índia e no Egito, incluindo Hymenoptera parasitas, Heteroptera predadores, Neuroptera, Lepidoptera, Diptera e Coleoptera. García Morales et al. (2020) apresentam uma lista de inimigos naturais de *M. hirsutus.*

Os inimigos naturais de *M. hirsutus* que têm sido utilizados com sucesso em programas de controlo biológico são o escaravelho predador *Cryptolaemus montrouzieri* e os endoparasitóides himenópteros *Anagyrus kamali* e *Gyranusoidea indica.* Nos países com invernos frios, foram utilizados o escaravelho predador *Scymnus coccivora* e o himenóptero parasitoide *Anagyrus dactylopii.*

Os adultos de *M. hirsutus* podem encapsular e matar até 60% dos ovos de *A. kamali* neles depositados, mas os primeiros instares da cochonilha são menos capazes de se defender desta forma. *A. kamali* ataca todas as fases da cochonilha, mas prefere as fêmeas adultas para a oviposição (Sagarra e Vincent, 1999; Sagarra et al., 1999).

Controlo biológico

O Cryptolaemus montrouzieri, originário da Austrália, foi utilizado com sucesso para reduzir grandes populações de *M. hirsutus* no Egito, nas Caraíbas (Kairo et al., 2000) e na Índia (Karnataka) (Mani e Krishnamoorthy, 2001).

Em Karnataka, na Índia, na cal ácida, duas libertações de 25 escaravelhos por planta, em janeiro e fevereiro de 1999, reduziram a população de *M. hirsutus* para níveis economicamente insignificantes em meados de março (Mani e Krishnamoorthy, 1999); do mesmo modo, libertações na goiabeira *(Psidium guajava)* reduziram a população de cochonilhas a níveis insignificantes no espaço de um mês (Mani e Krishnamoorthy, 2001).

No Egito, contudo, *C. montrouzieri* não conseguiu sobreviver ao frio do inverno em número suficiente para ser eficaz e os principais agentes de controlo biológico são os parasitóides *Anagyrus kamali* e *Achrysopophagus* sp. (Bartlett, 1978).

Na Índia, onde as uvas *(Vitis vinifera)* são cultivadas em zonas que podem ter um inverno bastante frio, os agentes de controlo utilizados contra *M. hirsutus* são o parasitoide *Anagyrus dactylopii* e os predadores coccinelídeos *Scymnus coccivora, S. conformis* e *S. gratiosus* (Mani, 1989).

Gowda e Manjunath (1998) referiram que *o Hibiscus cannabinus* era uma cultura armadilha adequada para *M. hirsutus* que infestava a amoreira *(Morus)* em Mysore.

No Egito, o controlo quase total da cochonilha é mantido utilizando o parasitoide *A. kamali* (Williams, 1996). Este parasitoide foi também introduzido em Granada, Trinidad e algumas outras ilhas das Caraíbas para controlar *M. hirsutus* (Pollard, 1995; Garland, 1998; Anon., 2000a; Kairo et al., 2000; Michaud e Evans, 2000).

A pulverização de pesticidas contra os vectores de doenças pode, por vezes, reduzir as populações de inimigos naturais e permitir o ressurgimento da cochonilha. Em algumas ilhas das Caraíbas, foram introduzidos predadores adicionais, como *C. montrouzieri*, para reduzir ainda mais as populações de cochonilhas (Gautam et al., 1996; Anon., 2000a).

Para efeitos de controlo biológico, *o M. hirsutus* pode ser criado em laboratório em abóboras *(Cucurbita),* em especial nas variedades com pregas na casca (abóbora japonesa, *Cucurbita moschata;* abóbora de bolota, *Cucurbita pepo* var. *turbinata)* e em batatas irlandesas *(Solanum tuberosum)* em germinação (Mani, 1990; Meyerdirk, 1997; Serrano e Lapointe, 2002).

Verificou-se que os danos causados a um território recentemente invadido por *M. hirsutus* podem ser minimizados se a praga for rapidamente identificada e se forem introduzidos agentes de controlo biológico o mais rapidamente possível (Kairo et al., 2000; Michaud e Evans, 2000).

O grande êxito do programa de controlo biológico contra *M. hirsutus* nas Caraíbas, utilizando o escaravelho predador *C. montrouzieri* e os endoparasitóides himenópteros *A. kamali* e *Gyranusoides indica,* deve-se em grande parte ao facto de estes insectos se reproduzirem pelo menos duas vezes mais depressa do que a cochonilha (Persad e Khan, 2002; Meyerdirk e De Chi, 2005); as populações foram reduzidas em 82-97% e os parasitóides revelaram-se eficazes em condições tropicais, subtropicais e semidesérticas. Os programas de sensibilização do público também foram importantes; a cooperação pública evitou a utilização intensiva de pesticidas que poderia ter prejudicado o estabelecimento dos agentes de controlo biológico e o público ajudou a divulgar os inimigos naturais (Kairo et al., 2000).

No caso de Trinidad e Tobago, Singh (1999) estimou os custos de controlo de *M. hirsutus* em 1995-1997 em 5,1 milhões de dólares, enquanto as perdas prováveis evitadas pelo controlo foram estimadas em 41 milhões de dólares, o que dá uma relação benefício/custo de 8:1.

As colónias de *M. hirsutus* escondidas em fendas entre plantas semelhantes a couves podem ser difíceis ou impossíveis de atacar pelos inimigos naturais, especialmente pelos predadores coccinelídeos de maiores dimensões. Este facto pode limitar o sucesso dos agentes de controlo biológico na regulação das populações de pragas, uma vez que não conseguem alcançar as cochonilhas.

Na Papua-Nova Guiné, verificou-se que a presença de formigas afecta o nível de ataque das cochonilhas por parasitóides (Buckley e Gullan, 1991); quanto mais agressiva for a formiga, menor será o nível de parasitismo observado. A eficácia dos inimigos naturais na regulação das populações de *M. hirsutus* pode ser aumentada se as formigas que assistem às cochonilhas puderem ser controladas (Greve e Ismay, 1983).

Resistência planta-hospedeiro

No Egito, as variedades de uva Romi e Banati foram consideradas susceptíveis ao ataque de *M. hirsutus, sendo* a variedade Moscati a mais tolerante e a menos afetada (Amin e Emam, 1996).

Controlo químico

Mani (1989) menciona que a aplicação de uma fita adesiva, como o "tanglefoot", tem sido utilizada na Índia para proteger os cachos de uva da infestação por *M. hirsutus.*

As pulverizações de pesticidas tendem a ter uma eficácia limitada contra *M. hirsutus* devido ao seu hábito de se esconder em fendas e à cobertura cerosa do seu corpo (Williams, 1996); é mais provável que os insecticidas sistémicos sejam eficazes.

Mani (1989) afirma que a maior parte dos insecticidas granulados são ineficazes contra *M. hirsutus.* Qualquer pesticida utilizado contra *M. hirsutus* deve ser cuidadosamente selecionado de forma a evitar danos nos seus inimigos naturais, pois é provável que estes sejam importantes para ajudar a manter as populações a níveis baixos a longo prazo.

A fase de primeiro ínstar é a mais suscetível aos tratamentos com pesticidas (Persad e Khan, 2000); no entanto, o mesmo estudo concluiu que todos os pesticidas testados eram altamente tóxicos para o principal agente de controlo biológico, *A. kamali.*

Na Índia, há alguns indícios de desenvolvimento de resistência aos pesticidas (Mani, 1989), pelo que os pesticidas só são utilizados para controlar infestações pesadas da cochonilha; as populações são subsequentemente mantidas a níveis baixos através do controlo biológico.

A pulverização com emulsão de óleo inorgânico permitiu um bom controlo de *M. hirsutus* na goiabeira em Tamil Nadu, Índia (Jalaluddin e Sadakathulla, 1998). Anitha et al. (1999) testaram o alcaloide abrina, isolado de sementes de *Abrus precatorius,* em *M. hirsutus* e encontraram provas de que a abrina podia ter um efeito drástico na densidade populacional da cochonilha.

Programas IPM

Na Índia, os principais agentes de controlo biológico utilizados para regular *M. hirsutus* nas uvas são o parasitoide *A. dactylopii* e os predadores *Scymnus coccivora* e *S. gratiosus,* como parte de um regime de gestão integrada de pragas que envolve a utilização de pesticidas se as populações de cochonilhas atingirem um nível elevado (Mani, 1989).

Na Índia, a gestão integrada de pragas, utilizando predadores de escaravelhos coccinelídeos e pesticidas (clorpirifos), foi conseguida nas uvas (Mani, 1989).

A invasão *de M. hirsutus* na região das Caraíbas resultou em vários benefícios a longo prazo, incluindo o reforço da quarentena de plantas, o desenvolvimento de conhecimentos taxonómicos na região, o desenvolvimento de protocolos de exportação, o desenvolvimento de uma capacidade de controlo biológico e a redução da utilização de pesticidas tóxicos, criando um ambiente adequado para o desenvolvimento da gestão integrada de pragas (Kairo et al., 2000).

Medidas fitossanitárias

Garland (1998) recomenda um fumigante para utilização contra *M. hirsutus* em plantas de estufas no Canadá. Desde o seu aparecimento na região das Caraíbas em 1994/1995, *o M. hirsutus* é considerado de elevada importância em termos de quarentena pelo CPPC. Se for necessário um regulamento, o material de plantação das espécies de plantas hospedeiras de *M. hirsutus* deve ser inspeccionado na estação de crescimento anterior à expedição e ser considerado isento de infestação.

Um certificado fitossanitário deve garantir a ausência da praga em remessas de material de plantação ou de produtos. Todas as remessas de material vegetal fresco de um país infestado para um país que ainda não esteja infestado, mas que possa vir a estar, devem ser cuidadosamente examinadas para detetar *M. hirsutus*.

Ommatssus binotatus

Fig. (34): *Ommatssus binotatus*

Ommatissus	
Scientific classification	
Kingdom:	Animalia
Phylum:	Arthropoda
Class:	Insecta
Order:	Hemiptera
Infraorder:	Fulgoromorpha
Family:	Tropiduchidae
Subfamily:	Tropiduchinae
Genus:	*Ommatissus* Fieber, 1875

Hierarquia taxonómica

Kingdom	Animalia – Animal, animaux, animals
Subkingdom	Bilateria
Infrakingdom	Protostomia
Superphylum	Ecdysozoa
Phylum	Arthropoda – Artrópode, arthropodes, arthropods
Subphylum	Hexapoda – hexapods
Class	Insecta – insects, hexapoda, inseto, insects
Subclass	Pterygota – insects ailés, winged insects
Infraclass	Neoptera – modern, wing-folding insects
Superorder	Paraneoptera
Order	Hemiptera Linnaeus, 1758 – true bugs, hemipterans
Suborder	Auchenorrhyncha – hoppers
Infraorder	Fulgoromorpha
Superfamily	Fulgoroidea – planthoppers, fulgores, Planthoppers
Family	Tropiduchidae Stål, 1866 – tropiduchid

planthoppers
Tribe Trypetimorphini Melichar, 1914
Genus Ommatissus Fieber, 1875
SubgenusOmmatissus (Ommatissus) Fieber, 1875
SpeciesOmmatissus binotatus Fieber, 1875

***As listas de Fulgoromorpha na Web* incluem:**

1. *Ommatissus alpinus* Linnavuori, 1973 *(O. alpina* in CoL)
2. *Ommatissus bimaculatus* Muir, 1931 (*O. bimaculata* in CoL)
3. *Ommatissus binotatus* Fieber, 1875 - **espécie-tipo**
4. *Ommatissus bourgoini* Asche, 1994
5. *Ommatissus chinsanensis* Muir, 1913
6. *Ommatissus kamerunus* Asche & Wilson, 1989 (*O. kameruna* in CoL)
7. *Ommatissus lofouensis* Muir, 1913
8. *Ommatissus lybicus* de Bergevin, 1930
9. *Ommatissus magribus* Asche & Wilson, 1989
10. *Ommatissus natalensis* Asche & Wilson, 1989
11. *Ommatissus tumidulus* Linnavuori, 1973 (*O. tumidula* em CoL)
12. *Ommatissus (Opatissus) vietnamiens* Asche & Wilson, 1989

A tamareira (Phoenix dactylifera L.) é considerada um símbolo da vida no deserto, porque tolera temperaturas elevadas, a seca e a salinidade mais do que muitas outras espécies de plantas frutíferas, é uma das árvores mais antigas de que o homem retirou benefícios. E tem sido cultivada desde a antiguidade. É a única planta selvagem autóctone do deserto definitivamente domesticada nos seus ambientes nativos (Zohary e Hopf, 2000).

A tamareira mantém o seu valor para os cultivadores, pois fornece uma vasta gama de produtos e serviços, incluindo muitas necessidades da vida. A tâmara, produto primário da palmeira, é rica em proteínas, vitaminas e sais minerais. É por isso que representa um elemento essencial da alimentação do próprio agricultor e dos seus animais.

Todos os produtos secundários da palmeira resultam da poda anual e têm utilizações essenciais para o cultivador. Infelizmente, as tamareiras cultivadas na região árabe estão ameaçadas por doenças, pragas, alterações ambientais e factores socioeconómicos. Dos 120 milhões de tamareiras estimados no mundo, mais de dois terços encontram-se nos países árabes (FAO, 1982). Os países árabes possuem 70% dos 120 milhões de tamareiras do mundo e são responsáveis por 67% da produção mundial de tâmaras (EL-Juhany, 2010).

O inseto das tâmaras, *O. lybicus,* é uma praga grave das tamareiras no Sultanato de Omã. Foi registado em Bahrin (El - Haidari, 1981); no Sudão (El Haidari, 1982); em Israel (Klien e Venezian, 1985); no Qatar (Al - Azawi, 1986); em muitos países árabes (El-Haidari e Al Hafidh, 1986); em plantações de tamareiras no Iraque, Irão, Egito, África do Norte (Hill e Waller, 1990); no Egito (Hussein e Ali, 1996) e na Líbia (Lal e Naji, 1997).

O percevejo Dubas foi registado pela primeira vez como uma praga que ataca jovens tamareiras e canárias na província de Helwan em abril de 2007, tendo-se verificado que atacava as frondes verdes da palmeira (Hussain, 2011).

O. lybicus era referido na literatura anterior como a variedade "lybicus" de O. binotatus, tendo sido elevado ao estatuto de espécie por Asche e Wilson (1989). *O. lybicus* é conhecido na região árabe como "Dubas bug", e em alguma literatura é conhecido como "Old world date bug". Esta espécie restringe-se às tamareiras, nas quais completa o seu ciclo de vida.

A tamareira infestada com O. lybicus é afetada diretamente pela alimentação dos estádios móveis deste inseto e indiretamente pela produção de grandes quantidades de melada, que depois cobre as folhas da tamareira. A melada depositada acumula-se, favorecendo o crescimento de bolores fuliginosos e, nas condições de ausência de chuva do deserto (onde as tamareiras crescem normalmente), pode acumular-se uma camada espessa de poeira nas superfícies cobertas de melada.

Após a infestação, por vezes as superfícies das frondes tendem a tornar-se cloróticas. No Iraque, perdas de 50% da colheita de tâmaras foram atribuídas a este inseto (Kranz et al., 1978). As tâmaras das palmeiras infestadas são mais pequenas e amadurecem lentamente, com elevada percentagem de açúcares redutores e sacarose (Hussain, 1985).

Flutuação populacional do percevejo-das-dubas: Ovos, ninfas e adultos foram observados em folíolos verdes, as fêmeas põem ovos na nervura central das folhas e na lâmina e nervura dos folíolos. Flutuação populacional de dubas na primeira época 2010/2011: Os dados apresentados e ilustrados por mostram que foi encontrado um certo número de ovos durante dois períodos; o primeiro período ocorreu até julho de 2010 com uma densidade média máxima de 9 ovos / 32 folíolos na tamareira, o segundo registou-se nos últimos meses de 2010 com uma densidade média máxima de 12.75 ovos / 32 folíolos na tamareira durante o mês de dezembro. As ninfas foram registadas em maior número na tamareira (22,59 ninfas /32 folíolos) no dia 15 de abril de 2010, estes números diminuíram gradualmente até desaparecerem em julho de 2010, as ninfas apareceram em agosto (1,34 ninfas /32 folíolos) e aumentaram gradualmente até atingirem um pico em setembro. 2010, (13 ninfas /32 folíolos), depois diminuíram gradualmente até desaparecerem durante o período que vai de 1 de janeiro de 2011 até à primeira semana de março de 2012.

No que diz respeito à fase adulta da tamareira, esta foi registada a 27 de maio de 2010 e o primeiro pico de densidade populacional de adultos (8,03 adultos /32 folíolos) ocorreu a 10 de junho de 2010. 2010, outro pico (6,46 adultos / 32 folíolos) foi registado no dia 14 de outubro de 2010.

Os dados apresentados e ilustrados mostram que a densidade das diferentes fases do inseto dubas durante 2011/2012 apresenta a mesma tendência que a de 2010/2011, aproximadamente.

O primeiro período de postura de ovos estendeu-se de 23 de junho a 4 de agosto de 2011, com uma densidade máxima de 10,59 ovos/32 folíolos em julho, enquanto o segundo período se estendeu de outubro de 2011 a fevereiro de 2012 na tamareira, com uma densidade máxima de 6,37 ovos/40 folíolos em dezembro de 2011 na tamareira.

Foram registados dois picos populacionais de ninfas na tamareira, o primeiro pico 15,43 ninfas / 32 folíolos em abril de 2011 e o segundo 8,06 ninfas / 32 folíolos na tamareira em setembro de 2011. No que diz respeito à fase adulta, esta ocorreu ao longo do ano e foram registados dois picos, o primeiro pico (9,62 adultos/32 folíolos na tamareira) ocorreu em junho de 2011 e o segundo (8,59 adultos/32 folíolos na tamareira) em novembro de 2011

A partir destes dados, é evidente que o inseto dubas tem duas gerações por ano, estando estes resultados de acordo com Hussain, 1963; Hussain e Ali, 1996; Elwan e Al-Tamiemi, 1998; Al-Shamsi, 2003 e Hussain, 2011. Correlação entre alguns factores meteorológicos (temperatura &R.H. %) e o número de dubas:

mostrou que houve uma correlação insignificante entre a temperatura e as densidades populacionais de percevejos (ovos, ninfas e adultos), o mesmo foi observado entre R.H.% e as densidades populacionais de percevejos (ovos, ninfas e adultos) na tamareira para cada estação 2010/2011 e 2011/2012. Nenhuma diferença significativa foi capaz de discriminar uma estação da outra em relação aos insectos predadores associados: - Muitos ovos, larvas e adultos de Ch. carnea foram registados em tamareiras. - Registaram-se alguns adultos de *C. Undecimpunctata* na tamareira. - Foram registados ovos e adultos de Sphodromantis sp em tamareiras. Aspectos biológicos do percevejo-das-dubas (Ommatissus lybicus DE BERG) em condições de semi-campo em 2009: Os resultados obtidos revelaram que O.lybicus teve duas gerações/ano (gerações de primavera e de outono) e as ninfas passaram por cinco instares ninfais. Geração de primavera: A eclosão dos ovos começou na terceira semana de abril e continuou até à última semana de maio e o período de incubação foi de 115-120 dias, com uma média de 117,5±1,87 dias a 24,5±1,870C e 62,5±4,18% de H.R.

A fase ninfal durou 51-56 dias, com uma média de 53,5±1,87 dias em condições de semi-campo de. A fêmea adulta iniciou a postura de ovos na quarta semana de maio e continuou até à primeira semana de julho. O período de pré-oviposição foi em média de 10,7±1,7 dias a 27,9±2oC e 45,9±5,6% de UR, o período de oviposição foi em média de 43,8±6,5 dias a 29,9±13,1oC e 50,3±13% de UR e o período de pós-oviposição foi em média de 11±3 dias a 30±1,50C e 56±4,2% de UR.

A longevidade média dos adultos variou entre 63±5,6 dias para as fêmeas (a 30,5±0,710C e 46,5±8,32% H.R.) e 33,5±6 dias para os machos a 30,5±0,710C e 39,5±4,18% H.R. O número de ovos depositados variou entre 133 e 160 ovos, com uma média de 146,5±8,23 ovos/fêmea.

O tempo de vida atingiu 235,5±16,30 dias a 26±3,890C e 49,5±11,69 % de humidade relativa. O período de geração estendeu-se de 145 a 188 dias, com uma média de 166,5±12,85 dias a 25,5±3,030C e 59,5±4,18 % de humidade relativa

Geração de outono: A eclosão dos ovos iniciou-se na terceira semana de agosto e prolongou-se até ao final de setembro e o período de incubação foi de 55- 65 dias com uma média de 60±3,32 dias a 29,5±1,870C e 48,5±6,49% de H.R. Como apresentado em, a fase ninfal durou 49-54 dias com uma média de 51,5±1,87 dias em condições de semi-campo de 28±2,16oC e 53±7,53%. R.H.

A fêmea adulta começou a pôr ovos na segunda semana de outubro e continuou até à primeira semana de janeiro. O período de pré-oviposição durou 12,4±3 dias a 25,8±1oC e 63,4±4% de UR, enquanto o período de oviposição foi em média de 73,6±13 dias a 23,7±3,9oC e 57,7±11,5% de UR e o período de pós-oviposição foi em média de 12,2±2,2 dias a 17,2±0,40C e 70,7±4,2% de UR.

A longevidade dos adultos atingiu 91,4±13,6 dias nas fêmeas e 76,4±9 dias nos machos a 21,5±3,610C e 68±6,20% de H.R. O número de ovos depositados variou entre 143 e 150 ovos com uma média de 146,5±2,45 ovos/fêmea. O tempo de vida médio foi de 164±9,09 dias a 25,5±7,760C e 58,5±12,26% de humidade relativa.

O período de geração variou de 135 a 155 dias, com uma média de 145±6,20 dias a 26,5±0,710C e 56±2,16 % de humidade relativa

A análise estatística mostrou que houve diferenças significativas entre as médias do tempo de desenvolvimento de ovos e adultos para ambas as gerações, enquanto não houve diferenças significativas entre os tempos de desenvolvimento ninfal para ambas as gerações. Os resultados também mostraram que houve diferenças significativas entre os períodos de vida da primavera e do outono (229,2±11,5, 193,4±9,3 dias, respetivamente.

Os estádios ninfais do percevejo-do-mato apresentaram cinco instares de desenvolvimento ninfal com cinco mudas, tendo sido observadas diferenças significativas entre as médias dos períodos de desenvolvimento e dos instares ninfais (8,5±1,29, 10,5±1,29, 13±1, 11,5±1,29, 14±1 e 8±1, 8,5±1,29, 12±1, 13±1, 13,5±1,29 dias) para as gerações da primavera e do outono, respetivamente.

Os resultados mostraram diferenças significativas entre a longevidade dos machos e das fêmeas em ambas as gerações. A longevidade média dos machos foi de 33,5±6 e 76±9 dias para as gerações da primavera e do outono, respetivamente. A longevidade média das fêmeas foi de 63±5,6 e 91,4±13,6 dias, respetivamente.

Os resultados também mostraram que não houve diferenças significativas entre a fecundidade das fêmeas nas duas gerações. O número médio de ovos postos foi de 146±5 ovos/fêmea na primavera e de 146,5±2,45 ovos/fêmea na geração de outono. Estes resultados concordam com (Al-Shamsi, 2003) mas discordam de (Elwan e Al-Tamiemi, 1998) porque os seus resultados foram efectuados em condições de laboratório.

As larvas e os adultos de lacewing Ch. carnea foram observados no local de estudo.

Controlo biológico do nemátodo do bicho-da-dúvida por larvas de Chrysoperla carnea (Steph.): A experiência incluiu a libertação de um predador e de um número definido de ninfas do bicho-da-dúvida (50 ninfas) em plântulas de palmeiras plantadas em seis vasos de plástico (5 réplicas e 1 controlo). As gaiolas foram cobertas com musselina para ventilação e para evitar que as ninfas escapassem. A experiência foi examinada ao fim de 24 horas para registar a diminuição do número de ninfas de percevejos, o que representa a taxa de consumo de alimentos pelas larvas *de Ch. carnea* nas ninfas de percevejos. As observações prosseguiram diariamente até à fase de pupa de *Ch. carnea.*

Os resultados mostraram que as larvas de Ch. carnea podem consumir um certo número de ninfas de percevejos do primeiro instar (20, 8, 21, 10, 23 ninfas para cinco réplicas) com uma média de 16,4±6,9 ninfas durante 24 horas. Apenas três larvas *de Ch. carnea* atingiram a fase de pupa (Quadro 9). Estes resultados estão de acordo com Al-Shamsi, (2003), que referiu que a larva de Ch. carnea tem a capacidade de consumir um certo número de ninfas do primeiro instar de dubas, com uma média estimada de 26,3 ninfas em 24 horas.

O percevejo das tâmaras, *Ommatissus binotatus lybicus* de Berg, é uma praga grave da tamareira *(Phoenix dactylifera)* no Iraque, onde se registam duas gerações por ano. Tanto as ninfas como os adultos, que são descritos, sugam a seiva da tamareira. Infestações pesadas repetidas causam o enfraquecimento e a morte de algumas palmeiras.

Os ovos são depositados em todas as partes verdes da palmeira, com exceção dos frutos, sendo a maioria depositada nos folíolos, especialmente na superfície superior. Distribuem-se uniformemente nas quatro faces das tamareiras, mas de forma desigual nas fileiras de frondes, sendo a segunda e a quarta fileiras mais velhas as que têm a maioria dos ovos nas gerações de inverno e de verão, respetivamente.

A deposição dos ovos da geração de inverno teve início na segunda semana de novembro e a eclosão na primeira semana de abril, tendo o período ninfal durado 47 dias e os adultos 15 dias de sobrevivência. Os ovos da geração estival foram depositados a partir da segunda semana de junho e a eclosão teve início na primeira semana de agosto, durando o período ninfal 50 dias e a sobrevivência dos adultos 13 dias. Existem cinco instares ninfais.

As ninfas excretam gotículas de melada, e tanto as ninfas como os adultos preferem as partes sombrias da tamareira. Para escapar ao calor intenso dos dias de verão, as ninfas e os adultos da geração invernante migraram para as bases das novas frondes. A proporção entre os sexos foi de quase 1:1 e o número médio de ovos postos por fêmea foi de 106. A taxa de mortalidade para um nível populacional constante foi de 98 · 11 por cento.

Os ovos foram parasitados por um pequeno Chalcidoide. As larvas do crisopídeo *Chrysopa carnea* Steph. e os adultos de *Coccinella septempunctata L., C.* Undecimpunctata *L.* e *Chilocorus bipustulatus* (L.) predaram as ninfas e os adultos.

Em testes com pulverizações inseticidas contendo 240 g de ingrediente ativo por 100 gal. aplicados à razão de 1½ gal. por palma contra adultos e ninfas, o DDT e o malatião foram igualmente eficazes, mas o Dipterex foi menos eficaz. Concentrações semelhantes de misturas de malatião com heptacloro e DDT com diazinão também foram eficazes.

Tamareira Cochonilha verde Palmapsis phoenicis

A tamareira *(Phoenix dactylifera* L.) é uma das culturas frutícolas mais importantes, constituindo uma fonte primária de alimentação e um produto comercial, nas grandes áreas desérticas desde o Norte de África Ocidental até à Índia, e em muitas outras áreas subtropicais.

A árvore é tolerante à seca e ao sal, e os seus frutos saborosos têm um elevado valor nutritivo e boas propriedades de armazenamento. As tâmaras constituem a cultura agrícola mais importante da região e fornecem alimentos altamente nutritivos, bem como uma fonte primária de rendimento para a maioria dos habitantes.

A tamareira é cultivada no Norte do Sudão ao longo das margens do Nilo, numa extensão de cerca de 900 quilómetros. O número total de árvores é de cerca de 8 milhões. De acordo com a FAO (2005), a produção média anual de tâmaras é de 328,2 toneladas métricas. Este facto coloca o Sudão como o sétimo maior produtor de tâmaras entre os países árabes.

No entanto, a indústria da tamareira enfrenta muitos problemas graves, relacionados com os baixos rendimentos, a falta de embalagem e apresentação adequadas, bem como a transformação limitada dos produtos da tamareira. Os baixos rendimentos na maioria dos países, incluindo o Sudão, devem-se à salinidade do solo, à fraca fertilidade, às pragas e doenças dos insectos, à falta de manutenção e de cuidados devido ao aumento do custo da mão de obra e à escassez de pessoal formado em práticas culturais melhoradas. Em consequência do elevado custo de produção e dos baixos preços dos produtos, os agricultores tendem a negligenciar ou mesmo a abandonar os seus pomares. Embora ainda não tenham sido notificadas no Sudão pragas de insectos conhecidos, como o gorgulho vermelho, e doenças como o bayoud, o rendimento da tamareira é afetado por muitos factores bióticos, entre os quais os insectos são os mais importantes.

No Sudão, a cochonilha da tamareira verde *Palmapsis phoenicis* Bodenheimer *(Asterolecanium phoenicis* Rao) é considerada a principal praga. Este género, originário da Ásia Central (Irão), não era conhecido no Sudão antes de 1989, quando foi assinalado pela primeira vez por Ali (1989) na zona de El Golid, em resultado da introdução de alguns rebentos provenientes da Arábia Saudita em 1974.

Mais tarde, a praga atravessou a barreira natural do deserto de Baja para invadir o sistema de Elgaba (150 km a sul de Dongola, 400 km a norte de Cartum) e tornou-se uma ameaça real para a cultura da tamareira no Norte do Sudão. A área infestada em El Golid, Elgaba e Old Dongola compreende cerca de 5000 hectares, estendendo-se por 60 e 50 quilómetros ao longo das margens oeste e leste do rio Nilo, respetivamente.

A infestação recentemente registada na ilha de Artigasha, no regime de Burgag e em Orbi, na zona de Dongola, em Abuhamad, no Estado do Rio Nilo, e no Estado de Cartum, prova que a praga pode continuar a propagar-se.

Tamareira Cochonilha verde *Palmapsisphoenicis*

A cochonilha verde da tamareira foi originalmente descrita no género *Asterolecanium* (Asterolecaniidae: cochonilhas) em 1922 por Ramachandra Rao, mas foi designada como espécie-tipo do género *Palmapsis* por Bodenheimer (1944).

A Palmapsis phoenicis pode ser uma praga grave para as tamareiras, causando amarelecimento e morte das folhas pinadas, cicatrizes e redução do valor dos frutos.

Sinais e sintomas de danos

O inseto ataca os folíolos, a ráquis foliar e os frutos, impedindo a respiração e a fotossíntese. Alimenta-se dos folíolos e dos frutos das tamareiras, cobrindo os cachos de tâmaras e os rebentos, causando clorose, degeneração das folhas e malformação dos frutos antes da maturidade, levando a perdas de produção que variam entre 30 e 50 kg por árvore (Ali e El-Nasr 1992).

As perdas podem variar entre 85 e 90%, consoante a taxa de infestação, a variedade infestada e as condições de gestão (Ahmed 2001, 2004).

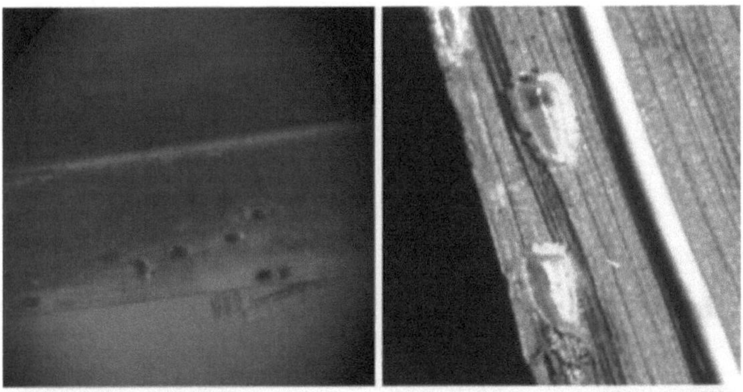

Mature adult females **Adult females** (source Gassouma, 2003)

Fig. (35): A cochonilha verde da tamareira *Palmapsis phoenicis*

A cochonilha verde da tamareira *Palmapsis phoenicis* Ra (Homoptera: Asterolecaniidae) *Palmapsis phoenicis,* como todas as cochonilhas, não produz melada. Foi observado um aumento significativo da relação peso seco/peso fresco nas árvores infestadas.

Os açúcares totais e redutores são significativamente mais elevados nos folíolos infectados do que nos saudáveis. Os compostos fenólicos aumentaram significativamente nas árvores infestadas por insectos da cochonilha verde. Os teores elementares de N total, Ca, K, Cu, Mn e Cd foram diferentes nos folíolos doentes e saudáveis, mas os teores de P, Mg, Zn, Fe, Se e B não sofreram alterações (Al-Whaibi 1997).

Classificação

A classificação da cochonilha da tamareira era confusa antes da revisão do género *Asterolecanium* por Green (1922) como *Asterolecanium phoenicis.* No entanto, tal como Mani (1982) referiu, Russell (1941) tinha identificado a espécie como pertencente ao género *Asterolecanium* (família Asterolecaniidae), que se caracteriza por glândulas de cera emparelhadas, dispostas em filas.

A espécie foi também referida por Bodenheimer (1944) como pertencendo ao género *Palmapsis,* mas ele afirmou claramente a proximidade de *Palmapsis* ao grupo *Asterolecanium* de Russell (1941). Morrison e Morrison (1966) e Bendov e Harpaz (1985) concordaram com as conclusões de Russell (1941).

No entanto, Gharib (1974) referiu tanto *Palmapsis phoenicis* Rao, como *Asterolecanium phoenicis* Rao, como sinónimos na família Asterolecaniidae.

Gassouma (2003) referiu que a cochonilha verde da tamareira foi originalmente descrita no género *Asterolecanium* (Asterolecaniidae: cochonilhas). Foi designada como a espécie-tipo do género *Palmapsis por* Bodenheimer (1944).

Morfologia

As escamas armadas pertencem à família Diaspididae. Têm uma forma esférica, com menos de 3,1 mm de diâmetro, e uma cobertura em forma de placa, que geralmente pode ser removida do corpo da escama. São chamadas "escamas blindadas" porque a cobertura é bastante densa e proporciona um certo grau de proteção contra pesticidas e parasitas.

As escamas couraçadas que eclodem assentam, perdem as patas e formam uma cobertura dura, geralmente separada do corpo. As escamas armadas não excretam melada. Exemplos de cochonilhas blindadas incluem a cochonilha verde da tamareira, a cochonilha vermelha da Califórnia, a cochonilha gulosa, a cochonilha da concha de ostra e a cochonilha de São José.

As fêmeas das escamas moles, família Coccidae, podem ser lisas ou cotonosas, com um diâmetro de 6,2 mm ou menos. São geralmente maiores e mais arredondadas e convexas do que as escamas armadas. A sua superfície é a própria parede do corpo do inseto e não pode ser removida. A maior parte das escamas moles imaturas conservam as suas patas e antenas pouco visíveis após a sua fixação e são capazes de se deslocar, embora lentamente. As escamas moles produzem grandes quantidades de melada, que é uma seiva vegetal modificada que escorre dos seus corpos. Exemplos de cochonilhas moles são a cochonilha negra, a cochonilha castanha e o fruto europeu Lecanium.

A cochonilha da tamareira, *Asterolecanium phoenicis* Rao (Asterolecaniidae), foi descrita pela primeira vez por Rao (1921) e depois revista por Rao e Dutt (1922),

Green (1922), Russel (1941), Kehat e Amitai (1967), Ali (1989), entre outros.

A ninfa de primeiro instar é elipsoide, achatada, com 0,4-0,6 mm de comprimento, 0,16-0,27 mm de largura, amarelo brilhante a esverdeado, e a superfície dorsal tem uma placa de cera fina e transparente com filamentos longos e finos e esbranquiçados em cada anel do corpo. A margem tem 28 pares de filamentos de forma alongada e a parte posterior tem dois filamentos longos. A cabeça está equipada com um par de ocelos castanho-avermelhados e um par de antenas. O abdómen tem três pares de patas bem desenvolvidas (Kehat e Amitai 1967).

Microscopicamente, a margem tem duas cerdas anteriores de 10 µm de comprimento e 28 poros marginais (em forma de 8) numa única fila. Uma fileira de 6-9 pares de poros em forma de 8, com cerca de metade do tamanho dos poros marginais, aparece na superfície dorsal, com dois poros muito pequenos em forma de disco, perto do segundo e terceiro poros minúsculos em forma de 8 na área mediana. As antenas na superfície ventral são 6 articuladas. A articulação basal com uma seta, a primeira com duas, a quarta e a quinta com uma cada uma, enquanto a sexta tem três setas longas, duas robustas e duas bastante robustas. Um poro quinquelocular foi encontrado lateralmente a cada espiráculo na superfície ventral. As patas têm um certo número de cerdas, o fémur uma e o tarso cinco.

A ninfa de segundo instar foi descrita microscopicamente por Kehat e Amitai (1967) como alongada, elipsoide, achatada, com 0,55-0,9 mm de comprimento, 0,29-0,44 mm de largura e amarelo-esverdeado a amarelo-escuro. A sua superfície dorsal está coberta por uma cera larga e transparente e possui filamentos longos e finos em cada anel do corpo. Existem 155156 pares de filamentos esbranquiçados na margem e 28 pares de filamentos alongados em forma de S na submargem.

A margem posterior tem dois filamentos longos. Microscopicamente, a margem tem poros em forma de 8, em número de 155-156, com 10 µm de comprimento. A superfície dorsal tem 18-26 pequenos poros em forma de 8, com condutas tubulares em grupos dispersos. A superfície ventral apresenta uma antena de um segmento com duas cerdas rombas e duas minúsculas. Há um par de cerdas curtas antes da abertura anal, e 30-32 poros em forma de disco, na área sub-marginal.

A fêmea adulta tem uma escama verde-amarelada pálida.

O corpo do inseto apresenta uma mancha mediana castanho-avermelhada. A escama tem cerca de 1,25-1,5 mm de comprimento e 0,75 mm de largura, de forma convexa e estreita posteriormente, com uma franja marginal longa, exceto na quinta parte posterior (Green 1922). A escama é alongada e larga no terço anterior, afinando em direção às duas extremidades.

É mais larga e arredondada posteriormente e convexa ventralmente, com filamentos marginais esbranquiçados e fenda semicircular para a saída das larvas (Russell 1941).

A fêmea adulta tem a forma de um chinelo, com a parte posterior estreita e arredondada. As antenas são rudimentares, com duas pequenas cerdas relativamente robustas. As peças bucais são bastante grandes e visíveis. O tamanho da escama da fêmea adulta foi descrito por Green (1922) e Russell (1941) como 1-1,5 mm de comprimento e 0,75 mm de largura, e 1,4-1,75 mm de comprimento e 0,65-0,85 mm de largura, respetivamente. Kehat e Amitai (1967) descreveram a fêmea adulta ao microscópio e mostraram que a superfície dorsal é convexa, com constrições perto da extremidade posterior.

É verde-amarelado pálido na parte posterior e castanho-avermelhado a violeta-escuro na parte interior. A margem apresenta 156-166 filamentos, semelhantes aos da ninfa de segundo instar, enquanto a submargem apresenta filas de filamentos semelhantes aos da ninfa de primeiro e segundo instar.

A descrição microscópica da fêmea adulta por Kehat e Amitai (1967) mostrou a margem com poros em forma de 8, numerando 155-156, com cerca de 10 μm de largura, numa única fila. Na superfície dorsal, há muitos poros em forma de 8, com cerca de metade do tamanho dos poros marginais. As antenas na superfície ventral são segmentadas e muito curtas, com duas cerdas rombas e duas minúsculas.

O corpo da fêmea está equipado com um poro em forma de disco de cada lado das peças bucais, enquanto duas filas paralelas de 4 poros em forma de disco ocorrem a meio caminho entre as peças bucais e a abertura anal. Vinte e quatro cerdas curtas encontram-se à volta da abertura genital, 25-35 poros quinqueloculares estendem-se dos espiráculos até à margem do corpo, com uma fila de 10 cerdas menores na zona submarginal e 50 poros em forma de disco numa fila irregular, terminando paralelamente aos poros marginais em forma de 8.

O ápice do abdómen tem duas cerdas de 60 μm de comprimento e duas minúsculas. A exúvia pode ser vista ao lado da porção posterior do corpo. A fêmea jovem assemelha-se à ninfa de segundo instar na forma e só pode ser distinguida pelo tamanho e pelo espaço entre os filamentos de cera posteriores.

Ecologia, Biologia e Densidade Populacional

A cochonilha da tamareira produz três gerações por ano no Irão, com duas gerações curtas na primavera e no verão e uma geração longa no outono e no inverno (Gharib 1974). Na Palestina, produz duas gerações estivais de curta duração e uma geração outono-invernal prolongada (Kehat e Amitai 1967; Avidov e Harpaz 1969),

enquanto que no Sudão produz três gerações, com um inverno longo e duas gerações curtas de verão (Ali 1989). No Irão, o inseto passa o inverno como fêmeas imaturas e o acasalamento tem lugar em maio (Gharib 1974). Na Palestina, o desenvolvimento é lento durante os meses de inverno, pelo que a população de cochonilhas permanece em segundos instares (Kehat e Amitai 1967).

O ciclo de desenvolvimento das fêmeas dura cerca de 3 meses na primavera e no verão e 5-6 meses no outono e no inverno. Os machos, que constituem um quarto da população total das palmeiras, demoram cerca de 2 meses a desenvolver-se (ver ciclo de vida abaixo). Os voos dos machos podem ser observados no período de maio a outubro (Gharib 1974).

O estudo fenológico realizado por Kehat e Amitai (1967) na zona de Betshean, na Palestina, revelou que todas as fases, exceto a masculina, ocorrem na zona durante todo o ano. Nesta zona, a geração outono-inverno começa em novembro com o aparecimento de um grande número de ninfas de primeiro instar e continua durante 7-8 meses, durante o inverno até ao início do verão. No outono, a população de ninfas de primeiro instar atinge o seu pico mais cedo e transforma-se em ninfas de segundo instar. A população de cochonilhas mantém-se nesta fase durante o inverno. Com o aumento das temperaturas no início da primavera, estas ninfas transformam-se em adultos (Kehat e Amitai 1967).

No início do verão, o número de fêmeas da população aumenta na sequência da transformação das ninfas de segundo instar em fêmeas jovens. Estas fêmeas começam, num curto espaço de tempo, a dar origem à segunda geração. As ninfas desta geração atacam os frutos logo após a eclosão. O início da terceira e última geração é marcado pelo aparecimento de um grande número de ninfas de primeiro instar no início de setembro, terminando no início de novembro. As ninfas desta geração atacam os frutos tardios quando estes começam a amadurecer. Os adultos da terceira geração que aparecem em outubro dão origem à geração de inverno, que aparece em outubro e que dá origem às ninfas de inverno (Kehat e Amitai 1967).

Em bosques húmidos com uma humidade relativa superior a 50-60%, a cochonilha *Parlatoria blanchardii* (Targ.) foi encontrada juntamente com *Asterolecanium (Palmapsis)* (Gharib 1974). Um estudo sobre o efeito do vento (Ali 1989) revelou que o vento na zona desempenha um papel importante na disseminação dos rastejantes da cochonilha e das suas congregações nos folhetos dos lados das árvores. A direção do vento também explica os padrões de propagação norte-sul do inseto da cochonilha observados no Estado do Norte, Sudão.

Distribuição geográfica

Palmapsis phoenicis (A. phoenicis Rao) não foi referida na lista preparada por Buxton (1920) sobre as cochonilhas das tamareiras no Iraque. No entanto, Green (1922) recebeu um grupo de Coccidae recolhidos por entomologistas do Iraque, que incluía *P. phoenicis,* que foi registada como uma nova espécie de praga das tamareiras. O Iraque é referido como sendo a origem desta praga, que ocorre de Basra a Bagdad (Bodenheimer 1943).

A praga foi registada no Irão, nas regiões de Mohammara e Khuzestan (Bodenheimer 1944). Ezz e Abu El Ezz (1961) examinaram lâminas de coccídeos trazidas de El Hassa, na Arábia Saudita, que revelaram a existência da praga na Arábia Saudita antes de 1950, em contraste com a declaração da existência da praga na zona de Al-Karag em 1954.

Ezz (1973) relatou a existência da praga nas áreas de Mallawy e Barragil, no Egito, durante uma pesquisa realizada em 1969, e afirmou que tinha entrado neste país com tamareiras originalmente importadas do Iraque e da Arábia Saudita em 1929. Este foi considerado o primeiro registo da espécie no Egito. Na Palestina, a cochonilha ocorre nos vales de Bet Shean e do Jordão, bem como na zona de Arava, no deserto do Negev (Kehat e Amitai 1967).

Gharib (1974) assinalou a ocorrência da cochonilha nos distritos de Fars, Khuzestan e Baluchistão no Irão. Al-Azawi (1985) registou a espécie no Qatar, em tamareira de Kornish e em Um Salal Mohamed.

Dowson (1982) relatou a presença *de A. phoenicis* em tamareiras no Iraque, Irão, Palastina e Arábia Saudita. O primeiro registo da sua presença no Sudão data de 1989 (Ali 1989). A ARC Sudan, em março de 2003 (http://www.arcsudan.org/recommendations.htm), e Ahmed (2007) relataram uma epidemia recente de cochonilha da tamareira no Norte do Sudão.

Plantas hospedeiras e importância económica

Avidov e Harpaz (1969) afirmaram que a tamareira é o único hospedeiro de *Asterolecanium phoenicis* Rao. Green (1922), Bodenheimer (1943), Büttiker e Krupp (1984) referiram que a cochonilha infesta os caules, as folhas, os folíolos e os frutos da tamareira.

Provoca manchas cloróticas que aparecem nas folhas como consequência de uma alimentação intensa. As folhas tornam-se depois amarelas e acabam por degenerar completamente. Os insectos alimentam-se dos folíolos e dos frutos que cobrem os cachos de tâmaras e os rebentos (Fig. 36) e interferem com os processos fisiológicos naturais, como a respiração e a fotossíntese (Gharib 1974).

Fig. (36): Danos causados pela cochonilha verde da tamareira nas folhas e nos frutos

A praga reúne-se normalmente ao longo das nervuras da pinada, principalmente na superfície inferior (Avidov e Harpaz 1969). Os danos causados aos frutos consistem em incrustações, que reduzem muito a qualidade e, por vezes, tornam os frutos impróprios para comercialização (Kehat e Amitai 1967).

Os danos também se reflectem na desfiguração e descoloração dos frutos, até ao ponto de os abater ou reduzir o seu valor económico (Kehat 1967; Kehat et al. 1964). Os ataques graves deste inseto podem atrasar o desenvolvimento da árvore, provocando o seu atrofiamento, e podem causar a sua morte (Kehat 1967; Kehat e Amitai 1967). A tamareira, *Phoenix dactylifera*, é o único hospedeiro desta praga.

Ciclo de vida

Existem informações sobre a história de vida de *P. phoenicis* Green *(A. phoenicis* Rao) nas tamareiras e sobre os danos que causa no Irão, especialmente nos distritos de Fars, Khuzestan e Baluchistão (Gharib 1974).

Alimenta-se dos folíolos e dos frutos, cobrindo os cachos de tâmaras e os rebentos, impedindo a respiração e a fotossíntese. Tem duas gerações curtas, na primavera e no verão, e uma longa, no outono e no inverno. A cochonilha passa o inverno como fêmea imatura e o acasalamento ocorre no mês de maio seguinte.

O ciclo de desenvolvimento da fêmea dura 85-95 dias na primavera e no verão e 150-180 dias no outono e no inverno. Os machos demoram apenas 50-60 dias a desenvolver-se e os voos dos machos foram observados em maio-outubro. Os machos constituem apenas 25% da população total de *Palmapsis* nas palmeiras.

No Sudão, o ciclo de vida foi estudado por Ali (1989), que observou que o período de desenvolvimento da fêmea é mais longo no inverno (80,5 dias) do que no verão (57,4 dias).

A duração dos primeiros instares ninfais das fêmeas foi de 50 e 45 dias no inverno e no verão, respetivamente, enquanto a duração dos segundos instares ninfais das fêmeas foi de 27,5 e 4,8 dias no inverno e no verão, respetivamente. Kehet e Amitai (1967) referiram que a população de cochonilha verde na Palestina permaneceu no segundo instar ninfal no inverno, o que levou a um desenvolvimento mais lento da população. Ali (1989) referiu que o período de desenvolvimento dos machos era mais curto no verão (46 dias) do que no inverno (66 dias).

A maior parte das cochonilhas armadas tem várias gerações por ano, enquanto a maior parte das cochonilhas moles (as cochonilhas castanhas são uma exceção importante) tem frequentemente apenas uma única geração. Os ovos de ambos os tipos de cochonilhas estão normalmente escondidos debaixo da fêmea adulta. Os ovos eclodem em pequenos rastejantes com pernas, geralmente amarelos. Os rastejantes caminham sobre a superfície da planta, são levados pelo vento para outras árvores ou são inadvertidamente deslocados por pessoas ou aves. As escamas blindadas instalam-se definitivamente depois de passarem um ou dois dias na fase de rastejante.

Em seguida, fazem a muda e começam a formar as suas coberturas caraterísticas. As cochonilhas moles deslocam-se durante mais algum tempo, mas também acabam por se fixar em locais de alimentação permanentes, enquanto os indivíduos meio adultos de algumas espécies de cochonilhas moles se deslocam novamente no outono das folhas para a madeira, para hibernar. As cochonilhas fêmeas adultas são imóveis e têm uma cobertura de escamas caraterística.

As cochonilhas macho adultas são pequenos insectos alados que se assemelham superficialmente a vespas parasitas. Raramente são vistos, não se alimentam e vivem apenas algumas horas. As fêmeas de muitas espécies de escamas moles podem reproduzir-se sem acasalamento.

Gestão da praga

Controlo cultural

As plantas precisam de ter boas condições de crescimento e cuidados culturais adequados, tais como irrigação apropriada e poda de galhos e ramos muito infestados, para se tornarem mais resistentes aos danos causados pelas cochonilhas (Ahmed 2003). Além disso, as plantas devem dispor de boas condições de crescimento e de cuidados culturais adequados, nomeadamente uma irrigação apropriada, para se tornarem mais resistentes aos danos causados pelas cochonilhas.

Controlo químico

Foram realizados ensaios de controlo químico contra a cochonilha da tamareira na Palestina (Kehat et al. 1964) e no Irão (Gharib 1974), onde a praga causou graves danos às tamareiras. Outras espécies do género *Asterolecanium* também foram controladas por insecticidas químicos em diferentes países (James 1932; Morril e Otanes 1947; Shread 1960; Kehat et al. 1964, 1974; Gharib 1974; El-Kifil et al. 1980; Felippe et al. 2005).

Kehat et al. (1964) efectuaram oito ensaios no vale de Bet Shean em 1959-1960. Foram utilizados dezoito compostos químicos diferentes, incluindo fumigantes, enxofres, hidrocarbonetos clorados e fosfatos orgânicos, quer isoladamente quer misturados com óleos minerais, e foram testados os seus efeitos nas diferentes fases da cochonilha. Os resultados mostraram que a maioria dos produtos químicos foram eficazes, especialmente contra as fases ninfais. No entanto, não impediram o reaparecimento dos primeiros instares e a renovação da população de cochonilhas.

Kehat et al. (1964) afirmaram que as combinações eficazes contra a cochonilha da tamareira, por ordem decrescente, foram: 2% de Malathion com óleo, (formulação especial que contém 712 kg de óleo médio branco, 88 kg de Malathion técnico, 200 kg de água e emulgador); 0,2% de Diazinon 40% WP + 2% de óleo; 0,5% de Gusathion 20% EC + 2% de óleo; e 0,5-1% de Malathion 25% WP + 2% de óleo, que foi a menos eficaz das combinações acima mencionadas.

Gharib (1974) referiu que o tratamento mais eficaz foi o Malathion 57% EC a 200 g a.i./100 L de água, misturado com dois L de óleo Volck (um inseticida à base de petróleo), que deu 94,2% de mortalidade. Seguiram-se o dimetoato 40% CE, o diazinão 25% W. e o azinfos-metilo (Gusathion) 20% CE, todos a 200 g a.i./100 L de água, em combinações com 2 litros de óleo Volck. Esta combinação deu uma mortalidade entre 84,2% e 90,4%.

Kehat et al. (1964) referiram que a melhor altura para o controlo químico na Palestina era durante o outono e o inverno, quando as ninfas são mais facilmente controladas do que as fêmeas. Na altura do aparecimento maciço dos primeiros instares ninfais, em junho e julho, pode ser necessária uma pulverização de verão para evitar a fixação excessiva de lagartas nos frutos. Kehat e Amitai (1967) referem que a melhor altura para o controlo é de novembro a março, quando as ninfas relativamente susceptíveis constituem uma grande parte da população, coincidindo com a ausência de flores e frutos que possam ser danificados pela pulverização.

Gharib (1974) indicou que as melhores épocas para a luta química no Irão eram entre maio-junho, novembro e dezembro, quando 75% das ninfas tinham abandonado a planta-mãe.

Foram comunicadas práticas de controlo químico contra outras espécies do género *Asterolecanium.* Shread (1960) experimentou insecticidas sistémicos granulados contra a cochonilha *Asterolecanium* spp. As plantas de azevinho infestadas foram tratadas com Phorate 2%, Phosdrin 60%,

System e Disyston, utilizados como encharcamento do solo em vasos de 4 polegadas. O Phorate e o Phosdrin controlaram o inseto, mas o Disyston e o Dystam foram ineficazes. El Kifil et al. (1980) testaram compostos organofosforados, tais como Malathion, Roger, Parathion e óleo mineral, contra a cochonilha da figueira *A. pustulans* Ckll, no Egito.

Obtiveram-se melhores resultados quando os compostos organofosforados foram adicionados ao óleo do que quando o óleo foi utilizado isoladamente. Foram realizados outros ensaios de controlo químico contra outras espécies de cochonilhas, como *A. coffeae* Newst. no Quénia (James 1932), *A. bambusae* Boisd. (Morril e Otanes 1947) e *A. variolosum* Ratz., *A. minus* Lindinger e *A. oercicola* Bouche, em carvalhos na Califórnia (Pritchard e Robert 1950).

No Sudão, foram efectuadas tentativas de controlo químico no campo apenas contra a cochonilha branca da tâmara, *Parlatoria blanchardi* Targ. (Siddig 1975).

O óleo de petróleo a 2%, o dimetoato 40% CE a 0,1%, o malatião 57% a 0,2% e o metilparatião 48% CE a 0,1% foram testados, isoladamente ou em combinações com óleo de petróleo, num ensaio em grande escala na zona de Bauga. Os produtos químicos acima referidos, para além do fenitrotião em óleo (Sumifene + óleo) 5% e do carbaril 85% WP, foram utilizados em ensaios de pequena escala.

Os resultados dos ensaios pequenos e grandes mostraram que o óleo de petróleo, misturado com Dimetoato ou Malatião, e o metilparatião sozinho causaram reduções consideráveis nas populações da praga. A mistura de óleo de petróleo e Dimethoate, e de óleo de petróleo e Malathion, foi recomendada para o controlo da cochonilha branca da tamareira *Parlatoria blanchardi* Targ. no Sudão.

No Sudão, não foram realizados ensaios de controlo contra a cochonilha da tamareira. Ali (1989) realizou ensaios em pequena e semigrande escala, utilizando insecticidas de contacto e sistémicos e óleo de Albolenium (óleo branco, sozinho ou em mistura com insecticidas) na zona de El Golid contra a cochonilha da tamareira.

Os resultados provaram que todos os produtos químicos testados reduziram o número da praga da cochonilha verde e que foram significativamente diferentes do controlo durante todo o período de teste, exceto o óleo de Albolenium. No entanto, não foi apresentada qualquer recomendação.

A campanha química organizada pela Direção de Proteção das Plantas, durante 1990-1992, utilizou a pulverização foliar (aérea e terrestre) dos produtos químicos recomendados para a cochonilha branca e muitos outros compostos, mas não conseguiu controlar a praga e o inseto espalhou-se da área alvo para outros locais. Ahmed (2003) e Ahmed (2005, 2007) conseguiram um controlo bem sucedido, recomendando a aplicação no solo e a injeção no tronco de insecticidas neonictonídeos, como o imidaclopride, em diferentes formulações comerciais.

De acordo com as medidas de controlo químico anteriormente tomadas no Irão, as melhores épocas para o controlo químico foram maio-junho, novembro e dezembro, quando 75% das ninfas tinham abandonado a escala-mãe. O tratamento mais eficaz foi o malatião a 57%, a 200 g/100 L, que provocou uma mortalidade de 94,2%, seguido do dimetoato a 40% (Roxion), do diazinão a 25% e do azinfos-metilo a 20% (Gusathion), também a 200 g, e do óleo Volck emulsionável a 2 litros/100 litros. Todos estes produtos deram taxas de mortalidade de 84,290,4% (Gharib 1974). A aplicação de imidaclopride no solo proporcionou um bom controlo, com o menor impacto ambiental (Ahmed 2003).

Uma pulverização de emulsão de óleo na primavera e outra no outono matam os rastejantes do inseto da cochonilha branca e previnem o desenvolvimento de infestações graves. As infestações em árvores de pequeno e médio porte podem ser geridas adequadamente com uma aplicação anual, durante vários anos consecutivos. O óleo inseticida deve ser diluído para uma solução de 1,5-2% (1,5 a 2 partes de óleo para 100 partes de água).

Não se recomenda a aplicação de misturas de insecticidas à base de óleo e organofosforados na primavera para matar as lagartas que eclodem, devido aos riscos ambientais associados à aplicação destes insecticidas em grandes plantas, especialmente em zonas residenciais, à dificuldade de obter uma cobertura adequada com o equipamento de aplicação disponível e à disponibilidade de alternativas mais seguras e eficazes (Ahmed 2007).

As aplicações de óleo de Albolenium (Ali 1989) e de clorpirifos (Ahmed 2007) não foram eficazes contra os adultos da cochonilha verde, nas condições do Norte do Estado.

Controlo biológico

As cochonilhas são geralmente controladas por inimigos naturais, incluindo muitas espécies de pequenos escaravelhos escuros, *espécies Hyperaspis*, que são pequenos escaravelhos pretos e brilhantes com várias manchas vermelhas, laranja ou amarelas no dorso. *A Rhyzobius lophanthae* é uma joaninha com a cabeça e a parte inferior avermelhadas e o dorso acinzentado, densamente coberto de pequenos pêlos. O escaravelho *Chilocorus orbus*, duas vezes esfaqueado, é preto brilhante com duas manchas vermelhas no dorso e uma cor avermelhada na parte inferior. As larvas de certas joaninhas predadoras podem ser encontradas sob a fêmea das escamas moles, alimentando-se de ovos de escamas e de lagartas.

Muitas vespas parasitóides são importantes inimigos naturais das cochonilhas, tais como *Aphytis, Coccophagus, Encarsia* e *Metaphycus.* A atividade dos parasitóides pode ser estimada verificando as coberturas das escamas para ver os orifícios de saída redondos feitos pelos adultos emergentes. As coberturas das escamas blindadas podem ser retiradas para examinar os parasitóides imaturos que se encontram por baixo. O cultivo de plantas com flores perto de árvores e arbustos infestados de cochonilhas ajudará a aumentar os inimigos naturais (Zaid e Arias 1999).

Nenhum dos inimigos naturais associados à cochonilha, *A. phoenicis*, foi relatado antes de 1967, mesmo em catálogos de parasitas e predadores (Thompson 1950; Thompson e Simmonds 1964). Kehat (1968) referiu que as fêmeas de *A. phoenicis* eram muito resistentes ao ataque do predador coccinelídeo *Pharoscymnus numidicus* Pic., especialmente as larvas e os adultos, aparentemente devido ao facto de cobrirem as escamas com dureza, enquanto as ninfas eram facilmente devoradas. Yinon (1969) referiu que os asterolecaniídeos, as escamas moles e as cochonilhas, para além das escamas armadas, constituem a gama de hospedeiros do predador coccinelídeo *Chilocorus bipustulatus* L.

A intensidade da predação *de A. phoenicis* foi medida como sendo apenas um terço da intensidade da predação de cochonilhas armadas (Yinon 1969). A presença do parasitoide *Habrolepis dalmanni* (*Encyrtidae*) resultou na eliminação virtual da cochonilha dourada do carvalho *Asterolecanium variolosum* , uma espécie estreitamente relacionada, na Nova Zelândia. O coccinelídeo *Chilocorus cacti* foi introduzido com sucesso para controlar *Asterolecanium bambusae* (cochonilha do bambu) e *Asterolecanium pustulans* (cochonilha do oleandro) noutros países.

Situação da cochonilha da tamareira no Sudão

Palmapsis phoenicis foi registada em tamareiras no Sudão pela primeira vez em 1986-1987 (Ali e El-Nasr 1992). A praga foi registada pela primeira vez na área de El Golid, como resultado da introdução ilegal de alguns rebentos da Arábia Saudita em 1974. Mais tarde, atravessou a barreira natural do deserto de Baja para invadir o sistema de Elgaba (150 km a sul de Dongola, 400 km a norte de Cartum).

Em 1996, tornou-se uma ameaça real para a cultura da tamareira no Norte do Sudão (Ahmed et al. 2002). As áreas infestadas em El Golid, Elgaba e Old Dongola cobrem cerca de 5000 hectares, estendendo-se por 60 e 50 quilómetros ao longo das margens oeste e leste do rio Nilo, respetivamente. A infestação recentemente registada na ilha de Artigasha, em Orbi e em El Burgig Scheme, na zona de Dongola, e em Abuhamad, no Estado do Rio Nilo (23 000 palmeiras infestadas), prova que a praga continua a propagar-se rapidamente. O número total de árvores infestadas é de cerca de 1 milhão (Ahmed 2005).

No passado, os esforços de controlo não foram bem sucedidos devido à falta de conhecimentos indígenas sobre as medidas de controlo adequadas. Por conseguinte, o nível de infestação aumentou constantemente. O inseto ataca os folíolos, a ráquis foliar e os frutos. Causa clorose, degeneração das folhas e malformação dos frutos antes da maturidade, levando a perdas de produção que variam de 30-50 kg a 5 kg por árvore (Ali e El Nasr 1992).

As perdas podem variar entre 85% e 90%, consoante a taxa de infestação, a variedade infestada e as condições de gestão (Ahmed 2001, 2004).

Foram realizados estudos sobre a biologia e o desenvolvimento populacional da praga, a sua abundância sazonal, a suscetibilidade das variedades de tamareiras, as perdas e os métodos de controlo (Ali 1989). Foi implementado um programa de erradicação baseado na poda, quarentena local e aplicação aérea de inseticida.

Os insecticidas aplicados, em volumes de pulverização de 100 L de água, foram Diazinone 60 EC (340 ml), Roger 32% EC (225 ml), e Folimate 80% (200 ml), cada um incluindo 2 litros de óleo de Albolenium 80%. Foi alcançada uma taxa de controlo de 96,4%, baixando assim drasticamente a infestação dentro da área visada para 3,6%, e quase acabou por reduzir aparentemente a sua infiltração fora da área infestada Ali e Tibin (1992).

No entanto, a infestação voltou a aumentar para mais de 50% em menos de um ano. A erradicação do inseto estava condenada ao fracasso. As tentativas de encontrar um agente de controlo biológico falharam, quando foi introduzido um escaravelho Coccinellid (Ali 1989). Os resultados da investigação conduzida na Estação de Investigação de Dongola indicam que esta praga pode ser controlada utilizando um pacote IPM que inclui medidas de controlo cultural, químico e biológico. O inseticida sistémico utilizado para este fim foi o imidaclopride (Ahmed et al. 2002).

Suscetibilidade varietal

Ahmed (2001) realizou um estudo em Elgaba Scheme, Northern State, Sudão, para avaliar a suscetibilidade de quatro variedades de tamareira (Barakawi, Gondeilla, Moshrig/Waddlagi e Jaw) aos insectos da cochonilha verde. Os resultados indicaram que a ordem de suscetibilidade entre as cultivares era mais elevada em Gondeilla, Barakawi e Jaw, e que a cultivar Moshrig/Waddlagi era a menos suscetível.

Um resultado semelhante foi obtido por Ali (1989) na zona de El Golid, onde os estudos de suscetibilidade varietal mostraram que as variedades Moshrig e Gondeilla eram as mais susceptíveis. Barakawi foi moderadamente suscetível, enquanto Jaw e Tamoda foram as menos susceptíveis, de acordo com o número médio de escamas por folheto.

Danos

No Sudão, o inseto ataca os folíolos, a ráquis foliar e os frutos. Causa clorose, degeneração das folhas e malformação dos frutos antes da maturidade, levando a perdas de produção que variam de 5 a 30-50 kg por árvore (Ali e El- Nasr 1992). As perdas podem variar entre 85% e 90%, consoante a taxa de infestação, a variedade infestada e as condições de gestão (Ahmed et al. 2002; Ahmed 2004).

Controlo Eflorts

No passado, e devido à falta de conhecimentos locais sobre as medidas de controlo adequadas a adotar para combater a cochonilha da tamareira no Sudão, os esforços de controlo através de aplicações foliares de insecticidas de contacto e óleos minerais não foram bem sucedidos (1991-1992). Por conseguinte, o nível de infestação aumentou constantemente.

IPM

Na sequência de uma investigação intensiva, foi desenvolvido um método de gestão integrada das pragas (GIP) que inclui práticas culturais ou medidas sanitárias, complementadas com controlo químico utilizando neonicotinóides sistémicos (tiametoxame ou imidaclopride, como o Confidor 200 SL e o Actara 25 WG), reforçado pelos impactos dos inimigos naturais, juntamente com a aplicação de legislação em matéria de quarentena vegetal. A Direção de Proteção das Plantas (PPD) implementou um programa abrangente nas zonas infestadas.

Uma análise orçamental parcial indicou a rentabilidade do pacote recomendado pela ARC para a utilização de neonicotinóides sistémicos (imidaclopride ou tiametoxame), como indicado pela taxa marginal de retorno de 364% para o imidaclopride (Ahmed 2005). Um estudo socioeconómico indicou que o inseto está atualmente a ameaçar a estabilidade dos agricultores e aumentou a sua vulnerabilidade a choques graves.

Controlo sustentável

O controlo biológico sustentável da cochonilha verde é muito importante. Os resultados do estudo revelaram que foram registados muitos inimigos naturais associados aos insectos: os predadores de escaravelhos nitidulídeos encontrados em todas as áreas estudadas foram *Cypocephalus dudichi* L., a joaninha *Pharoscymnus Numidicus, Chrysoperla* sp., e o parasitoide *Metaphycus* sp. Estes foram encontrados em associação com a cochonilha verde, e a percentagem de parasitismo foi de 16% em algumas áreas (Dafalla e Ahmed 2010).

Asterolecanium phoenicis

Num estudo sobre as pragas de insectos das tamareiras no Egito em 1969, foi encontrado Asterolecanium phoenicis Green, principalmente nos caules, folhas e frutos das árvores (originalmente importadas do Iraque e da Arábia Saudita em 1929) em Mallawy e Barrage; este é o primeiro registo da praga no Egito.

A cochonilha verde da tamareira, *Asterolecanium phoenicis* Rao, foi registada no Iraque, Irão, Arábia Saudita, Egito e Qatar (Ali, 198 e Mohamed, 2008). No Sudão, foi detectado em 1986 e, aparentemente, foi introduzido a partir da Arábia Saudita por volta de 1974 (Ali, 1989; Ahmed, 2006).

O inseto ataca a ráquis foliar, os folíolos e os frutos. A praga causa clorose, amarelecimento e degeneração dos folíolos, malformação e baixa qualidade e quantidade de frutos (Ali, 1989; Ahmed, 2006 e Mohamed 2008). No Sudão, o inseto da cochonilha verde existe durante todo o ano e tem três picos, o primeiro pico em fevereiro e março, o segundo pico em julho e o terceiro pico em outubro.

Os insectos fêmeas são mais abundantes do que os machos e a propagação da infestação foi do norte para o sul. A propagação da infestação é feita pelo vento, infestando os rebentos e os ramos de polinização masculina (Ali, 1989; Ahmed, 2003; Mohamed, 2008). O inseto da cochonilha verde da tamareira, que causa perdas graves, estendeu-se numa área superior a 5000 hectares ao longo das duas margens do rio Nilo (Ahmed, 2006). Em 2008, o número de árvores infestadas nos Estados do Norte e do Rio Nilo atingiu um milhão e 40 000 árvores, de quatro a cinco milhões, respetivamente, e as perdas de rendimento variaram entre 80 e 90 %, dependendo da taxa de infestação, da variedade e da gestão (Ali, 2011).

Para o controlo desta praga no Sudão, foram recomendados vários insecticidas, para além da poda das árvores infestadas. Também foram aplicadas medidas de quarentena interna para restringir a propagação da praga a partir de áreas infestadas (Ahmed, 2003; Mohamed, 2008). Os inimigos naturais da cochonilha verde relatados no Irão, o centro de origem da praga, incluem *Chilocorus bipustulatus* L., *Pharoscymnus numidicus* Pic.,*Cypocephalus dudichi, Chrysoperla* spp e um parasitoide himenóptero (Mahgoub1994)

Não foram registados no Sudão inimigos naturais específicos da cochonilha verde.

No entanto, foram observados ácaros não identificados que se alimentam tanto da cochonilha verde como da cochonilha branca. (Ahmed, em 2003, mencionou que foram observadas espécies de coccinelídeos, crisopídeos e um ácaro predador no habitat das cochonilhas branca e verde, no norte do Sudão. O predador coccinelídeo *Chilocorusbipustulatus* foi introduzido no Sudão a partir de França em 1986, principalmente contra a cochonilha branca (*P. blanchardii)*, mas foi testado contra a cochonilha verde.

O inseto da cochonilha verde não era uma presa adequada para o predador que não conseguiu estabelecer-se (Mohamed, 2008). Não foram relatados inimigos naturais específicos associados a esta praga no Sudão, portanto, os objectivos deste estudo são identificar os inimigos naturais indígenas do inseto da cochonilha verde e determinar as suas abundâncias sazonais e avaliar o seu papel no controlo natural da praga, a fim de os introduzir no programa de controlo biológico.

Inimigos naturais da cochonilha verde

O estudo revelou a existência de três predadores e um parasitoide associados à cochonilha verde em todas as áreas de estudo. Estes predadores são o escaravelho nitidulídeo *C. dudichi* L. (Placa 1.), a joaninha *P.numidicus* Pic. (Placa 2.), e larva de crisopídeo (Placa 3.), enquanto *Metaphycus sp.*

(Hymenoptera: Encyrtidae) (Placa 4.), foi relatado como parasitoide desta praga grave pela primeira vez no mundo.

A espécie parasita foi registada em 1948 em outras espécies de cochonilhas em agarras na área de Bara, Sudão (Insect Collection Unite, ARC, WadMedani). Os predadores acima mencionados foram relatados em estudos anteriores associados à cochonilha branca da data, *Parlatoriablanchardii* Targ., no norte do Sudão (Nasr, 1982).

Relativamente, as percentagens de parasitismo foram mais elevadas do que as de predação em Elgolid, Elgaba, Old Dongola e Urbi. Em Elgolid e Artigasha a predação foi relativamente mais elevada do que o parasitismo. A predação em Elgaba e Elgolid foi a mais elevada - enquanto que o parasitismo em Urbi, Elgaba e Elgolid foi superior às outras zonas. A percentagem mais elevada de parasitismo (16%) foi registada na zona de Urbi e a percentagem mais elevada de escamas com sinais de predação (13%) foi registada em Elgabascheme.

O número médio de predadores da cochonilha verde nas zonas estudadas é apresentado (Fig. 2). A zona de Elgaba registou o número mais elevado de predadores, seguida de Elgolid e Artigasha, na ilha de Elburgag, respetivamente. O número médio do total de espécies de predadores em todas as zonas estudadas foi de 11 predadores/folha. *C. dudich I* (4,8/folha) e *P. numidicus* (4,8/folha) foram encontrados em maior número/folha do que *Chrycoperla sp.* (1,3/folha). Durante abril-maio de 2009, a densidade mais elevada de cochonilhas verdes foi registada na ilha de Artigasha (290 cochonilhas/amostra) e em Elgolid (249 cochonilhas/amostra), enquanto que a densidade mais baixa foi registada em Elburgaig, com cerca de 96 cochonilhas/amostra.

A maior infestação da praga na ilha de Artigasha foi atribuída às árvores amontoadas - que não receberam qualquer higiene

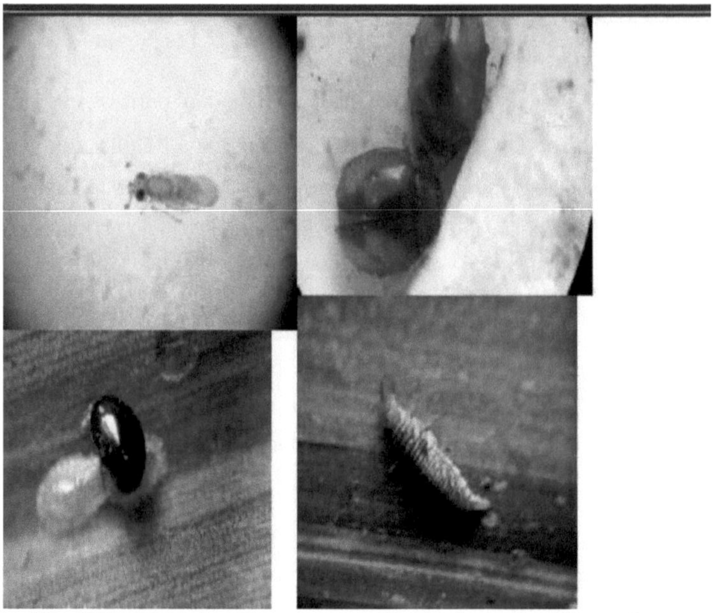

Fig. (37): *Metaphycu ssp*. um parasitoide da cochonilha verde em tamareira.

Abundância sazonal da cochonilha verde e dos seus inimigos naturais associados:

Na zona de Elgolid, a contagem mensal do inseto da cochonilha verde, do estádio imaturo e da cochonilha fêmea de agosto de 2008 a julho de 2009. A população da praga atingiu o pico em janeiro e fevereiro de 2009, enquanto a população mínima observada foi em agosto e setembro de 2008.

A população de insectos aumentou de outubro a janeiro à medida que a temperatura média diminuiu de 25,5 C° para 14 C° e a humidade relativa aumentou de 28% para 35%. - A população de insectos diminuiu a partir de fevereiro, quando a temperatura média aumentou de 14 C° para 39,5 C° em agosto e a humidade relativa diminuiu de 26% para 22% em agosto.

Durante os meses de julho, agosto e setembro, quando a população de insectos se encontrava no seu nível mais baixo, a temperatura máxima registada foi superior a 40ºC. Em janeiro e fevereiro, quando a população de insectos estava no seu pico, a temperatura máxima registada foi de - 20C°. A cochonilha verde existe durante todo o ano e um maior número de estádios de rastejante foi registado no período de novembro a maio. Noutras cochonilhas, Talhouk (1983) relatou que a humidade relativa elevada no pomar de tamareira resultava numa elevada sobrevivência dos estádios de rastejante.

O besouro nitidulídeo foi relativamente mais abundante (3,6/folha) do que a joaninha (3,2/folha) e as crisopídeas (1,5/folha). As três espécies não foram encontradas durante os meses de dezembro a março. Durante esses meses, as médias das temperaturas mínimas foram inferiores a 15°C e as médias das temperaturas foram iguais ou inferiores a 21°C. A abundância sazonal do parasitoide *Metaphycus sp.*

Revelou que o maior número foi em dezembro, janeiro, fevereiro e março, que coincidiu com a menor temperatura média mensal (14-21C°). O número mínimo de escamas parasitadas e nenhum adulto emergido do parasitoide apareceu em julho, agosto e setembro, quando a temperatura média mensal foi de (34,5 - 39,5C°). A taxa de parasitismo durante o período de estudo foi de 7-15%.

Vespa oriental (Vespa orientalis)

Fig. (37): ***Vespa oriental (Vespa orientalis)***

Scientific classification	
Kingdom:	Animalia
Phylum:	Arthropoda
Class:	Insecta
Order:	Hymenoptera
Family:	Vespidae
Genus:	*Vespa*

Species:	*V. orientalis*
Binomial name	
Vespa orientalis Linnaeus, 1771	

O **vespão oriental** *(Vespa orientalis)* é uma espécie de inseto social da família Vespidae. Pode ser encontrada no sudoeste da Ásia, no nordeste de África, na ilha de Madagáscar (mas há muitos anos que não há relatos da sua presença na ilha), no Médio Oriente, na Ásia Central e em partes do sul da Europa.

As vespas orientais também foram encontradas em alguns locais isolados, como o México e o Chile, devido à introdução humana.

O vespão oriental vive em colónias sazonais que consistem num sistema de castas dominado por uma rainha. A vespa constrói os seus ninhos no subsolo e comunica através de vibrações sonoras.

A vespa tem uma risca amarela na sua cutícula (exoesqueleto), que pode absorver a luz solar para gerar um pequeno potencial elétrico, o que pode ajudar a fornecer energia para escavar. O vespão adulto come néctar e frutos e procura insectos e proteínas animais para alimentar as suas crias. Por serem necrófagos, os vespões podem também servir como transmissores de doenças após o consumo de plantas infectadas.

As vespas são uma praga primária para as abelhas melíferas, atacando colónias de abelhas para obter mel e proteínas animais. A picada de uma vespa oriental pode ser bastante dolorosa para o ser humano e alguns seres humanos são alérgicos a picadas.

Taxonomia e filogenia

O vespão oriental *(V. orientalis)* pertence à família Vespidae, que inclui as vespas, os vespões e os coleópteros. É um membro do género *Vespa,* que constitui os verdadeiros vespões. *A V. orientalis* tem adaptações únicas a climas áridos, o que tem dificultado a avaliação da sua relação filogenética com outras espécies do género *Vespa*, com base apenas em dados morfológicos. Assim, só recentemente é que a utilização da filogenética molecular deu provas de que *V. orientalis* está mais estreitamente relacionada com *Vespa affinis* e *Vespa mocsaryana.*

Embora exista um historial de reconhecimento de subespécies em muitos dos vespões, incluindo o *V. orientalis*, a mais recente revisão taxonómica do género trata todos os nomes subespecíficos do género *Vespa* como sinónimos, relegando-os efetivamente para nomes informais de formas regionais coloridas.

Descrição e identificação

A vespa adulta tem dois pares de asas e um corpo que mede entre 25 e 35 mm (0,98 e 1,38 in) de comprimento. Os zangões e as operárias são mais pequenos do que a rainha. *A V. orientalis* é de cor castanha-avermelhada e tem faixas amarelas espessas no abdómen e manchas amarelas na cabeça, entre os olhos. Tem mandíbulas muito fortes e morde se for provocada.

As fêmeas (operárias e a rainha) têm um ovipositor, que é um órgão especializado em forma de tubo, utilizado para pôr ovos. O ovipositor estende-se a partir da extremidade do abdómen e é também utilizado como ferrão. Os machos (zangões) podem ser distinguidos das operárias pelo número de segmentos da sua antena. Os zangões têm 13 segmentos, enquanto as operárias têm apenas 12. O vespão oriental é semelhante ao vespão europeu *(V. crabro)* e não deve ser confundido com o vespão gigante asiático *(V. mandarinia)* da Ásia Oriental.

O vespão oriental, Vespa orientalis, é um inseto social da família Vespidae. Pode ser encontrada no sudoeste da Ásia, no nordeste de África, na ilha de Madagáscar, no Médio Oriente e em partes do sul da Europa. As vespas orientais também foram encontradas em alguns locais isolados, como o México, devido à introdução humana.

O vespão oriental vive em colónias sazonais que consistem num sistema de castas dominado por uma rainha. A vespa constrói os seus ninhos no subsolo e comunica através de vibrações sonoras. A vespa tem uma faixa amarela na sua cutícula (exoesqueleto) que pode absorver a luz solar para gerar um pequeno potencial elétrico, tendo sido sugerido que isto pode ajudar a fornecer energia para escavar.

O vespão adulto come néctar e frutos e procura insectos e proteínas animais para alimentar as suas crias. Por serem necrófagos, os vespões podem também servir como transmissores de doenças após o consumo de plantas infectadas. As vespas são uma das principais pragas das abelhas melíferas, atacando-as.

Distribuição

Os vespões orientais podem ser encontrados na Ásia Central, no sudoeste da

Ásia, da Arménia e Turquia à Índia e Nepal, em todo o Médio Oriente, no Nordeste de África, em alguns países afrotropicais, como a Etiópia e a Somália, e em partes do Sul da Europa: Croácia, Bósnia, Montenegro, Macedónia do Norte, Albânia, Grécia, Bulgária, Chipre, Malta, Sicília e a metade sul da Itália peninsular. As vespas orientais foram introduzidas pelo homem em outros locais, incluindo o Chile, Madagáscar, México e Xinjiang, na China, bem como a introdução ocasional através de frutos na Bélgica e no Reino Unido.

O vespão oriental é o único membro do género *Vespa* que pode ser encontrado em climas desérticos, como os do Norte de África, Médio Oriente e partes do sudoeste da Ásia.

Ninhos

A vespa oriental vive normalmente em ninhos que escava no subsolo. Um ninho contém vários favos nos quais vive a colónia. Embora os ninhos sejam mais frequentemente encontrados debaixo do solo, alguns ninhos de papel são construídos em cavidades protectoras, como no interior de árvores ocas, em contentores de transporte, veículos estacionados e aviões.

Para construir os ninhos de papel, as operárias retiram a casca de galhos, ramos de árvores e arbustos para recolher fibras.

Colónias

Fig. (38): Operárias à entrada do ninho abanam as asas para arrefecer o ninho num dia quente.

As vespas orientais vivem em colónias sazonais que são formadas todos os anos na primavera por uma única rainha que acasalou durante o outono anterior. Durante o outono, a rainha de uma colónia estabelecida põe ovos que se desenvolverão em novas rainhas e zangões.

Após o acasalamento, os zangões morrem, enquanto as rainhas recém-fertilizadas procuram esconderijos para hibernar durante o inverno. A colónia recém-fundada cresce ao longo da primavera e do verão até atingir o pico da população e da atividade no final do verão e no início do outono. O tamanho máximo da colónia é de vários milhares de indivíduos e uma colónia contém normalmente três a seis favos, cada um com 600-900 células individuais.

Comportamento

A V. orientalis é um tipo de vespa social. Os indivíduos vivem coletivamente em colónias com uma rainha e milhares de operárias. As vespas sociais são invulgares na sua prática de altruísmo, em que os indivíduos não-reprodutivos trabalham em benefício da colónia. Isto acontece porque todos os indivíduos de uma colónia estão intimamente relacionados.

Estrutura social

Dentro de uma colónia, o sistema de castas é dominado pela rainha, que é a única fêmea reprodutora da colónia. Subordinadas à rainha estão as operárias (filhas) e os zangões (filhos). Tal como a rainha, os zangões desempenham apenas funções de reprodução. As operárias são responsáveis pelo resto do trabalho. As operárias especializam-se na execução de diferentes tarefas. As operárias são responsáveis pela procura de alimentos, pelo fornecimento de abrigo, pela defesa da colónia e pelos cuidados a ter com a criação da colónia, que consiste na descendência da rainha.

Comunicação

As vespas orientais comunicam através de vibrações sonoras. Os três principais tipos de vibrações utilizadas para comunicar são os toques para a rainha, os toques de despertar e os sinais de fome das larvas. Quando as operárias batem de frente para a rainha, observam-se três efeitos: a rainha começa a procurar nos favos células vagas para depositar os ovos, as operárias voltam a efetuar as suas tarefas habituais e os sinais de fome das larvas cessam imediatamente e não voltam a aparecer durante pelo menos 30 minutos.

O principal objetivo destas batidas parece ser o de encorajar a rainha a pôr mais ovos. Os toques de despertar das operárias provocam uma intensificação geral das actividades da colónia. Os efeitos são mínimos durante o dia. À noite, no entanto, as vibrações acordam toda a colónia, o que faz com que as larvas dêem sinais de fome e que as operárias procurem alimentos para alimentar as larvas.

Os sinais de fome das larvas não produzem alterações detectáveis na atividade das larvas durante o dia. No entanto, as operárias prestam mais atenção e dão mais alimento às células que se encontram nas proximidades do local de origem das vibrações. À noite, as larvas imitam os sinais de fome umas das outras e acordam todo o ninho.

Seleção de parentesco e altruísmo

As vespas *V. orientalis* vivem em colónias em que as operárias são todas filhas da rainha, pelo que as operárias são todas irmãs. As vespas sociais são haplodiploides, o que significa que os machos são todos haploides e desenvolvem-se a partir de ovos não fertilizados, enquanto as fêmeas são diploides e desenvolvem-se a partir de ovos fertilizados por zangões.

As rainhas geralmente acasalam com apenas um zangão. Cada zangão tem apenas um conjunto de cromossomas para transmitir à sua descendência. Assim, as operárias irmãs que partilham a paternidade são invulgarmente próximas umas das outras. Cada uma recebeu 100% dos genes do seu pai e 50% dos genes da sua mãe, pelo que cada uma tem em média 75% de parentesco com as suas irmãs e apenas 50% com a rainha. Assim, uma obreira é beneficiada por cuidar da rainha e da sua colónia para melhor assegurar a sobrevivência dos seus genes. Um indivíduo que age no interesse dos outros e não apenas no seu próprio é conhecido como altruísmo.

Interações com outras espécies

Dieta

As vespas orientais capturam outros insectos, como gafanhotos, moscas, abelhas e vespídeos, com os quais alimentam a ninhada da colónia. Também recolhem outras proteínas animais para as suas crias, como pedaços de carne e peixe frescos ou estragados. Os adultos alimentam-se de hidratos de carbono como o néctar, a melada e os frutos.

Conflito com as abelhas

O melhor local para as vespas encontrarem uma combinação de proteínas animais (abelhas ou larvas) e hidratos de carbono (mel) são as colmeias de abelhas. Sabe-se que as vespas orientais causam graves danos às colónias de abelhas.

São a principal praga que ataca as colónias de abelhas em muitos países. Para se defenderem, as abelhas japonesas têm demonstrado que matam as vespas predadoras rodeando-as, formando uma bola apertada na qual a temperatura sobe até níveis letais.

As abelhas melíferas de Chipre *(Apis mellifera cypria)* desenvolveram um método ligeiramente diferente para matar o seu principal predador. Formam uma bola apertada e sufocante à volta da vespa atacante e matam-na por asfixia.

Ferrão

Efeito antibacteriano do veneno

O veneno de *V. orientalis* foi testado em bactérias Gram-positivas, *Staphylococcus aureus* e *Bacillus subtilis,* e em bactérias Gram-negativas, *Escherichia coli* e *Klebsiella pneumoniae.* O extrato de veneno demonstrou ser eficaz na inibição do crescimento de bactérias Gram-positivas. O veneno é, por conseguinte, considerado como um agente terapêutico potencial.

Imunogenicidade

Ao contrário de todas as outras *Vespas* conhecidas, o mastoparan *de V. orientalis* não induz o aumento de histamina no tecido da vítima - porque não causa a desgranulação dos mastócitos Jalaei[et al 2016 2] - e não é imunogénico.

Fisiologia

Captação de energia solar

Ao contrário da maioria das vespas, que são mais activas de manhã cedo, *a V. orientalis* é a única que apresenta um pico de atividade a meio do dia. As vespas orientais escavam os seus ninhos subterrâneos apanhando terra nas mandíbulas, voando uma curta distância, deixando cair a terra e regressando ao ninho para continuar a escavar. A escavação das vespas está correlacionada com a insolação (energia solar).

Quanto maior a insolação, mais ativa é a vespa. Este comportamento diurno de escavação da *V. orientalis* pode ser possível devido à capacidade da sua cutícula de captar energia solar.

Cutícula

A cutícula da vespa oriental contém um pigmento amarelo que a protege da radiação UV nociva do sol. Os segmentos castanhos do corpo da vespa contêm melanina, que tem um objetivo semelhante. A cutícula castanha é composta por cerca de 30 camadas, cuja espessura aumenta do interior para o exterior.

O pigmento castanho melanina encontra-se nestas camadas. A cutícula amarela é composta por 15 camadas que contêm pigmento amarelo. A risca amarela contém xanthopterina em grânulos em forma de barril.

Potencial elétrico

Foi demonstrado que a atividade enzimática na camada de grânulos amarelos de xantopterina é mais elevada nas vespas mantidas em ambientes escuros e mais baixa nas expostas à luz ultravioleta (UV)[8]. A medição da tensão eléctrica entre a hipocutícula e a exocutícula da risca amarela mostra um potencial elétrico negativo na hipocutícula em relação à exocutícula positiva.

Se a risca amarela for exposta à luz, a diferença de potencial entre as condições de luz e escuridão aumenta. Em condições de escuridão, o potencial elétrico da banda diminui. As pterinas desempenham um papel na fotorrecepção e na fototransdução da luz UV próxima para luz azul e as pterinas podem desempenhar um papel na fotossíntese. Alguns dos mesmos investigadores especulam que esta é a energia para o órgão do calor

Órgão termorregulador

Existe um órgão termorregulador no tórax de *V. orientalis*. Mantém-se a uma temperatura 6 °C (11 °F) superior à do resto do corpo e 9 °C (16 °F) acima da temperatura ambiente. (Especificamente, está localizado na parte dorsal do tórax, para dentro da placa mesoescutal do protórax. Este órgão encontra-se perto da sutura notal mediana. Tem 1 milímetro ($^{3}/_{64}$ in) de diâmetro e forma de borboleta. O lado superior e posterior encosta-se à base das asas anteriores). Os autores especulam que esta geração de calor é alimentada pelo potencial #Electric (acima) que alguns dos mesmos autores descobriram e investigaram anteriormente.

Investigação e experiências

Agência Espacial Israelita

Fig. (39): A Investigação sobre Vespas da Agência Espacial Israelita (ISAIAH) foi um projeto da Universidade de Tel-Aviv iniciado em 1984 para explorar os efeitos da gravidade quase nula sobre as vespas orientais, o seu desenvolvimento e os seus instintos de construção de ninhos.

As experiências foram financiadas pela Agência Espacial Israelita com o objetivo de descobrir formas de evitar que os astronautas sofressem de dores de cabeça, náuseas e vómitos durante as missões. A amostra de 230 vespas orientais, o equipamento de voo e os instrumentos de medição foram todos embalados no vaivém espacial *Endeavour,* missão STS-47, em 1992.

Durante o lançamento, 202 vespas morreram em consequência de uma avaria no sistema de água que provocou um aumento anormal da humidade.

Os vespões sobreviventes perderam o sentido de orientação e, ao contrário dos vespões da unidade de controlo, não foram capazes de trepar às paredes ou de se agruparem. Em vez disso, mantiveram-se imóveis e afastadas umas das outras. Cerca de 3 a 4 dias depois de regressarem à Terra, as vespas começaram novamente a trepar às paredes e a construir um ninho. As vespas sobreviventes viveram uma média de 23 dias, em comparação com uma sobrevivência média de 43 dias para as vespas do grupo de controlo.

PRAGAS E DOENÇAS DAS TAMAREIRAS

As tamareiras são afectadas por muitas doenças e pragas, mas a natureza e a gravidade dos problemas variam consoante a cultivar, a localização, o clima e as práticas culturais (Carpenter e Elmer, 1978; Zaid et al., 2002). A maioria das doenças da tamareira que podem ser associadas a um agente patogénico são atribuídas a fungos. No entanto, há vários relatos recentes de doenças associadas a fitoplasmas. Uma das doenças fúngicas mais graves no Norte de África é a doença de Bayoud, provocada por *Fusarium oxysporum* f. sp. *albedinis*. Esta doença causou grandes perdas de tamareiras, e a investigação relativa à doença de Bayoud é uma das áreas mais importantes da investigação das tamareiras. Vários insectos atacam as tamareiras, mas os problemas específicos dos insectos variam consoante a área geográfica. São utilizados produtos químicos, controlo biológico, armadilhas com feromonas, quarentena e práticas sanitárias para controlar as pragas de insectos das tamareiras (Howard et al., 2001). Uma praga emergente das tamareiras durante a última década é o gorgulho vermelho da palmeira, que se espalhou da Índia para o Norte de África, o Médio Oriente e o Sul da Europa. O controlo das ervas daninhas é geralmente conseguido através da aplicação de herbicidas ou, em áreas menos desenvolvidas, através de monda manual.

Para além das pragas e doenças, vários outros factores podem afetar negativamente a produção de tamareiras. Carpenter (1981) discutiu os problemas do cultivo tradicional de tâmaras, incluindo a aglomeração de árvores, a retenção de árvores velhas ou improdutivas, a plantação de cultivares mistas ou de plântulas, a acumulação de sal, a drenagem deficiente, a irrigação insuficiente, a fertilização ou a lavoura, a falta de controlo de insectos e doenças, a concorrência com outras culturas, a degradação do solo e a escassez de água. Jaradat (2001) considerou a seca, a elevada salinidade, as árvores envelhecidas, a doença de Bayoud e a erosão genética como os principais condicionalismos da futura produção de tamareiras a nível mundial.

COLHEITA E MANUSEAMENTO PÓS-COLHEITA DE TÂMARAS

As tâmaras são colhidas na maturidade ou próximo dela. A colheita é geralmente efectuada à mão, com acesso à copa da árvore por meio de trepadores ou elevadores mecânicos. A colheita completamente mecanizada por sacudidores, como os utilizados em algumas outras culturas perenes, não está suficientemente desenvolvida para uma utilização comercial de rotina nesta altura (Glasner et al., 2002). Em muitas áreas tradicionais de produção de tâmaras, onde a maior parte da produção é feita por pequenas explorações com recursos limitados, as tâmaras são normalmente transportadas diretamente para mercados ao ar livre. Devido ao seu baixo teor de humidade, as tâmaras podem ser armazenadas com sucesso durante algum tempo sem condições de armazenamento especializadas.

No entanto, nas formas mais industriais de produção de tâmaras, a embalagem e o armazenamento das tâmaras utilizam equipamento e instalações especializadas. As casas de embalagem de tâmaras utilizam frequentemente equipamento que foi modificado a partir de dispositivos utilizados noutras culturas. Vários processos na casa de embalagem são utilizados para manter ou melhorar a qualidade da fruta. A fumigação para a eliminação de pragas de insectos é uma prática comum (Glasner et al., 2002; Rygg, 1975). A fumigação tem utilizado principalmente brometo de metilo; no entanto, devido a preocupações ambientais, o brometo de metilo está a ser gradualmente eliminado. As alternativas ao tratamento com brometo de metilo incluem produtos químicos alternativos, atmosferas controladas e métodos de controlo físico (Glasner et al., 2002). A qualidade dos frutos pode ser manipulada através da hidratação, desidratação ou cura, conforme apropriado, e as tâmaras são geralmente armazenadas em condições refrigeradas na produção industrial (Glasner et al., 2002; Rygg, 1975). Atualmente, a triagem e a classificação das tâmaras são geralmente efectuadas à mão e não através de dispositivos electrónicos.

A qualidade do fruto das tâmaras pode ser reduzida por factores fisiológicos e patológicos (Rygg, 1975). Os defeitos fisiológicos incluem a mancha negra, associada à humidade elevada durante a fase Khalal; o escaldão negro, associado a temperaturas anormalmente elevadas; e o inchaço das tâmaras associado a temperaturas e humidade elevadas. As condições de armazenamento podem também provocar defeitos nos frutos, como o escurecimento da casca e as manchas de açúcar. Além disso, as tâmaras são por vezes atacadas por vários agentes patogénicos, nomeadamente *Aspergillus, Alternaria* e *Pénicillium.*

UTILIZAÇÕES DAS TÂMARAS E DAS TAMAREIRAS

As tamareiras produzem muitos produtos que são úteis para o ser humano. O principal produto é o fruto da tâmara, que pode ser consumido fresco, seco ou em várias formas transformadas. No Norte de África e no Médio Oriente, algumas tâmaras são colhidas e consumidas durante a fase Khalal, quando os frutos ainda são muito adstringentes e têm um elevado teor de taninos (Dowson e Aten, 1962; Glasner et al., 2002; Kader, 1992). No entanto, a maior parte das tâmaras são colhidas durante a fase de maturação completa do Rutab e do Tamar, quando têm um elevado teor de açúcar e um baixo teor de humidade e tanino. As cultivares de tâmaras podem ser classificadas em tâmaras "macias", "semi-secas" ou "secas", dependendo da altura da colheita e do teor de água associado. Algumas cultivares são utilizadas de mais do que uma forma. A qualidade do fruto é influenciada pelo tamanho, cor, textura, limpeza, ausência de defeitos (queimaduras solares, danos provocados por insectos, migração de açúcar para a superfície, fermentação) e efeitos de agentes patogénicos causadores de podridão. As tâmaras estão disponíveis em diferentes formas, incluindo tâmaras inteiras sem caroço e sem caroço, pedaços desidratados, em cubos, pedaços de tâmaras extrudidas e frutos macerados. As tâmaras podem ser utilizadas em cereais, pudins, pão, bolos prensados, bolachas, barras de chocolate, gelados e batidos de tâmaras (uma especialidade da Califórnia). As tâmaras também podem ser transformadas em sumo, vinagre, vinho, cerveja, açúcar, xarope, mel, chutney, pickles, pastas, molhos e aromatizantes alimentares (Barreveld, 1993; Glasner et al., 2002).

As tâmaras são alimentos altamente energéticos com um teor de açúcar de 72% a 88% na maturidade. Durante a fase Khalal, quase todo o açúcar (80% a 85%) é sacarose. À medida que a maturação avança, a sacarose é hidrolisada em açúcares reduzidos, como a glucose e a frutose. As tâmaras são boas fontes de ferro e potássio; uma fonte razoável de cálcio, cloro, cobre, magnésio e enxofre; e uma fonte menor de fósforo. Para além disso, as tâmaras são uma fonte de 16 aminoácidos e vitaminas A, B_1 , e B_2 (Ahmed et al., 1995; Vandercook et al., 1980).

Como resultado da longa história de cultivo e utilização das tamareiras, quase todas as partes da tamareira podem ser utilizadas para algum fim (Barreveld, 1993; Dowson e Aten, 1962; Nixon, 1951). Diz-se que há tantas utilizações das tamareiras como dias num ano. O tronco e a madeira das tamareiras podem ser utilizados como madeira, lenha ou combustível. A fibra do tronco e das folhas pode ser transformada em sacos, cestos, selas de camelo, cordas, caixotes, ventiladores, coberturas para alimentos, mobiliário, esteiras, papel, cordas, tabuleiros e cordéis. Os feixes de folhas secas ("Barusti") podem ser transformados em sombras, telhados, paredes de separação e cercas.

As nervuras das folhas podem ser utilizadas para construir barcos (pequenos barcos de pesca chamados "Shasha") ou armadilhas de pesca. A base das folhas e os caules dos frutos podem ser utilizados como combustível. A medula das palmeiras pode ser transformada em farinha de tamareira. Os gomos terminais (palmito) podem ser consumidos como salada ou como legume cozinhado. As sementes de tâmara podem ser utilizadas como alimento para o gado ou enfiadas em contas para decoração. O óleo das sementes de tâmara pode ser transformado em sabão. Os frutos da tâmara têm também muitas utilizações medicinais. Podem ser utilizadas como adstringente para tratar problemas intestinais; tratamento de dores de garganta e constipações; alívio da febre, cistite, edema, problemas hepáticos e abdominais; para combater a ressaca; e muitas outras utilizações. Na Índia, a goma ou o exsudado das tâmaras é utilizado para tratar a diarreia e as raízes são utilizadas para tratar a dor de dentes.

Os bosques de tamareiras são nichos ambientais importantes para a vida selvagem local e desempenham um papel central no sistema ecológico do deserto. As tamareiras têm sido eficazes no controlo da desertificação e da recuperação de terras na Península Arábica, especialmente nos Emirados Árabes Unidos. As tamareiras selvagens no sul da Austrália são por vezes consideradas espécies invasoras (Gotch et al., 2006). Nas últimas décadas, as tamareiras também têm sido utilizadas para fins ornamentais e paisagísticos no sul da Europa e nos Estados Unidos (Arizona, Califórnia, Nevada e Florida).

CULTIVARES E GENÉTICA DE TAMAREIRAS

A nomenclatura das cultivares de tâmaras é confusa devido à longa história de cultivo, às amplas trocas de germoplasma, ao dioecismo e à propagação de plântulas. Existem milhares de cultivares de tâmaras nomeadas na Península Arábica, no Norte de África e no Médio Oriente, mas os números exactos são desconhecidos. Para muitas cultivares, existe um grande número de sinónimos e homónimos entre e dentro dos países. A transliteração dos nomes árabes para outras línguas complica ainda mais a questão, e existem normalmente várias transliterações de um único nome árabe.

Embora existam muitas cultivares de tâmaras, algumas tornaram-se preeminentes no mercado mundial (Krueger, 2001; Nixon, 1950). A 'Deglet Noor', que significa "tâmara da luz" em árabe, é originária do Sara argelino e é uma das principais cultivares cultivadas no Norte de África e na Califórnia. A "Medjool", que se crê ser originária da região de Tafilalt, em Marrocos, produz frutos de grandes dimensões, amplamente aceites pelos mercados de todo o mundo. A "Barhee" é uma tâmara macia de alta qualidade originária do Iraque e é frequentemente consumida durante a fase de Khalal. A tâmara "Halawy", que significa "doce" em árabe, é uma tâmara macia e de alta qualidade, com um sabor rico, proveniente do Iraque. A "Hayany" é uma tâmara grande, de maturação precoce, proveniente do sul do Egito. A tâmara "Khadrawy", que significa verde em árabe, é uma árvore curta e moderadamente produtiva com frutos macios do sul do Iraque. A "Zahidi" é uma árvore com uma copa compacta e frutos semi-secos do norte do Iraque. Existem muitas outras cultivares locais de várias zonas que podem tornar-se mais importantes no futuro. No entanto, a 'Medjool' e a 'Barhee' tornaram-se as cultivares mais importantes produzidas através da CT. medida que as áreas de produção no Médio Oriente e noutras regiões forem plantadas com 'Medjool' e 'Barhee' derivadas da CT, estas cultivares tornar-se-ão ainda mais importantes (Zaid e de Wet, 2002b).

O longo ciclo de vida, a longa juvenilidade e o dioecismo das tamareiras tornam a reprodução um desafio. Um programa de melhoramento com mais de 30 anos foi iniciado pelo Departamento de Agricultura dos EUA na Estação de Tâmaras e Citrinos em Indio, CA, em 1948 (Carpenter e Ream, 1976). Um dos objectivos deste programa era desenvolver cultivares masculinas derivadas de retrocruzamentos sucessivos para utilização em programas de melhoramento. Foram produzidos vários retrocruzamentos de machos que tinham semelhanças morfológicas com as cultivares femininas nomeadas. No entanto, não foram libertadas descendências úteis devido à esterilidade e ao baixo vigor resultantes da depressão endogâmica. Também foram produzidas algumas cultivares femininas derivadas do cruzamento destes retrocruzamentos com as fêmeas designadas. No entanto, todas elas tinham algumas caraterísticas indesejáveis e são mantidas principalmente para uso em programas de melhoramento.

Devido a estes obstáculos, os programas de melhoramento modernos voltaram-se para abordagens biotecnológicas, incluindo a utilização de CT para a produção em massa de clones, seleção de CT, transformação *baseada em Agrobacterium* e identificação de marcadores moleculares associados a caraterísticas desejáveis (Bouchireb e Clark, 1997; Djerbi, 1991). Um objetivo importante destes programas é o desenvolvimento de cultivares ou selecções resistentes ao Bayoud. Foram utilizados diferentes sistemas de marcadores, como caracteres morfológicos (Jaradat e Zaid, 2004), isozimas (Bennaceur et al., 1991), polimorfismo de comprimento de fragmentos de restrição (Corniquel e Mercier, 1997), ADN polimórfico amplificado aleatório (Sedra et al., 1998) e polimorfismo de comprimento de fragmentos amplificados (Cao e Chao, 2002; El-Assar et al., 2005) para estudar as relações genéticas entre diferentes cultivares de diferentes regiões. O polimorfismo de comprimento de fragmento amplificado (Devanand e Chao, 2003; Gurevich et al., 2005) e os marcadores de polimorfismo de amplificação sensível à metilação (Fang e Chao, não publicado) também foram utilizados para estudar a variação genética intracultivar, ou a variação dentro de rebentos e plantas derivadas de CT. Foi demonstrado que a 'Medjool', por exemplo, existe como cultivar landrace em Marrocos (Elhoumaizi et al., 2006). Devido à aceitação pelo mercado de certas cultivares, como 'Deglet Noor' e 'Medjool', ao sucesso da propagação de CT de certas cultivares, ao crescimento e desenvolvimento da população (construção de barragens) e à desertificação, o germoplasma de tâmaras selvagens e um grande número de cultivares tradicionais em muitos países estão a diminuir; são necessários esforços urgentes de conservação a nível mundial.

FUTURO DAS INDÚSTRIAS DE TAMAREIRAS A NÍVEL MUNDIAL

A área de produção de tâmaras na Península Arábica e no Médio Oriente aumentou drasticamente durante as últimas décadas e espera-se que continue a aumentar. A tamareira é uma das poucas plantas que podem prosperar em ambientes áridos e pode fornecer enormes recursos às tribos nómadas e às populações locais. Além disso, a tamareira e o fruto da tâmara têm um grande significado cultural e tradicional nessa região e noutros países islâmicos. As populações de muitos destes países estão a aumentar, o que resultará numa maior procura de tâmaras. Em resultado destes factores, prevê-se que o cultivo desta cultura ancestral aumente no futuro.

CONCLUSÃO

Os resultados provaram que a utilização de NPs de Ag sintetizadas através da aplicação de suspensão de esporos e de nanopartículas de prata bio-sintetizadas mostrou uma eficácia contra *R. ferrugineus* em diferentes fases. *O M. anisopliae* teve o potencial mais elevado e foi mais eficaz do que todos os outros.

B. thuringiensis inibiu a eclosão de *R. ferrugineus,* sendo altamente eficaz do que *B. subtilis* contra todas as fases (ovos, larvas e adultos) de *R. ferrugineus. B. thuringiensis* é altamente eficaz como NPs Ag bio-sintetizadas contra larvas e adultos de *R. ferrugineus* do que suspensões bacterianas. *B. thuringiensis* tem o efeito mais elevado do que *B. subtilis*, tanto em suspensões bacterianas como em NPs de Ag biossintetizadas.

O autor afirmou que para o controlo de *R. ferrugineus* por fungos entomopatogénicos ou bactérias entomopatogénicas deve utilizar-se *M. anisopliae, B. bassiana* como Ag NPs biossintetizadas ou *B. thuringiensis* como Ag NPs biossintetizadas, uma vez que provou a sua elevada virulência contra *R. ferrugineus* em todas as fases.

O óleo essencial de beldroegas mostrou um bom efeito contra as larvas e os adultos de *R. ferrugineus*, seguido de mostarda e rícino a granel e nanométrico.

Referências

Abdalla, M.D.; Kandil, M.A. e Farag, A.A. (1986). Isolamento e identificação de compostos biologicamente activos a partir de extractos de Minteena. Barnoof e Ullaiq. Bull. EntomofSoc. Egypt.Econ. Ser., 15: 191-197.

Abdul-Baki, A. , Aslan, S. , Linderman, R. , Cobb, S. & Davis, A. 2002 Soil, water, and nutritional management of date orchards in the Coachella Valley and Bard 2nd ed California Date Commission Indio, CA

Abdel-Kawy, F.K. e Gharib, O.H. (1991). Tratamento com diferentes óleos para o controlo do gorgulho do arroz, *Sitophilus oryzae(L.),* em milho de farinha amarela. Bull. Entomol.Soc. Egito.Econ. Ser., 19: 115-119.

Abdelgaleil SAM, Mohamed MIE, Badawy MEI *et al.* (2009) Toxicidade de monoterpenos por fumigação e contacto para *Sitophilus oryzae* (L.) e *Tribolium castaneum* (Herbst) e os seus efeitos inibitórios na atividade da acetilcolinesterase. Journal of Chemical Ecology, 35:518-525.

Abdel-Raheem, M. A. Possibility of Using the Entomopathogenic Fungi *Beauveria bassiana* and *Metarhizium anisopliae* for controlling the Sugar-Beet Insects *Cassida vittata* Vill. and *Scrobipalpa ocellatella* Boh. in Egypt, Ph.D. Faculdade de Agricultura, Universidade do Cairo, Cairo. 2005,86Pp

Abdel-Raheem, M. A. Impact of Entomopathogenic Fungi on Cabbage Aphids, *Brevicoryne brassica* L. in Egypt. Bull. NRC, 2011, 36(1): 53-62.

Abdel-Raheem, M.A. (2019) Patogenicidade comparativa de alguns isolados egípcios e compostos comerciais indianos de fungos entomopatogênicos contra algumas pragas de insetos. Arquivos de plantas, 19, suplemento (1): 1061-1068, 2019

Abdel-Raheem, M. A. (2019) Entomopathogenic Fungus, *Beauveria bassiana,* Lambert Academic Publishing P148.

https://www.morebooks.shop/gb/search7utf8=%E2%9C%93&q=978-613-9- 44933-0

Abdel-Raheem, M. A., K.H.Sabry e Zakia A.Ragab. Efeito de diferentes taxas de fertilização no controlo de *Bemisia tabaci* (Genn.) por *Virticillium lecanii* e *Beauveria bassiana* na cultura da batata. J. Biol. Pest control, 2009, 19(2), 129-133.

Abdel-Raheem, M.A. Suscetibilidade do gorgulho da palmeira vermelha, *Rhynchophorus ferrugineus* Olivier a alguns fungos entomopatogénicos Bull. NRC, 2013, 38(1):69 -82.

Abdel-Raheem, M. A., Zakia A.Ragab e I. E. Abdel-Rahman. Effect of Entotomopathogenic Fungi on the Green Stink Bug, *Nezara viridula* L. in Sugar Beet. Bull. NRC, 2011, 36(2):145-152.

Abdel-Raheem, M.A., Ismail, I.A.; Abdel-Rahman, R.S.; Abdel-Rhman, I. E. e Naglaa F. Reyad. Eficácia de três fungos entomopatogénicos no mineiro de folhas de tomate, *Tuta absoluta* na cultura do tomate no Egito. Revistas Swift de Investigação Agrícola, 2015, 1(2):015-020.

Abdel-Raheem, M.A.; e Lamya Ahmed Al-Keridis.A. Virulência de três fungos entomopatogénicos contra a mosca branca, *Bemisia tabaci* (Genn.) (Hemiptera: Aleyrodidae) na cultura do tomate. Journal of Entomology, 2017, 14(4):155-159.

Abdel-Raheem, M. A.; Naglaa F. Reyad; Abdel-Rahman, I. E.e Al-Shuraym, Laila. A. Avaliação de alguns isolados de fungos entomopatogénicos em algumas pragas de insectos que infestam a cultura da batata no Egito. Revista Internacional de Investigação Química, 2016, 9(8):479-485.

Abdel-Rahman, I.E. e Abdel-Raheem, M.A. (2018) Utilização de fungos entomopatogénicos como agentes biológicos de controlo do gorgulho da palmeira vermelha, *Rhynchophorus ferrugineus* (Olivier) (Coleoptera: Curculionidae), Journal of Entomology and Zoology Studies; 6(6): 387-390.

http ://www. entomoljournal.com/archives/2018/vol6issue6/PartG/6-5-342-932.pdf

Abdel-Raheem M. A.; Huda A. ALghamdi, Naglaa F. Reyad (2019) Virulência de esporos fúngicos e nanopartículas de prata de

Fungos entomopatogénicos no gorgulho da palmeira vermelha, Rhynchophorus ferrugineus Olivier (Coleoptera: Curculionidae), Egyptian Journal of Biological Pest Control, 2019, 29(1),97.

https://link.springer.com/content/pdf/10.1186/s41938-019-0200-2.pdfhttps://doi. org/10.1186/s41938-019-0200-2

Abdel-Raheem M. A.; Naglaa F. Reyad e Huda A. Alghamdi (2020) Virulência da preparação de nano-partículas de fungos entomopatogénicos e bactérias entomopatogénicas contra o gorgulho da palmeira vermelha, *Rhynchophorus ferrugineus* (Olivier) (Coleoptera: Curculionidae), Romanian Biotechnological Letters,25(1):1151-1159. https://www.e-

repository.org/rbl/vol.25/iss.1/5.pdf Clarivate Analytics (SCIE, BIOSIS Previews) doi: 10.25083/rbl/25.1/1151.1159

Abdel-Rahman, I E, Abdel-Raheem, M A (2018) Usando fungos entomopatogênicos como controle de agentes biológicos no gorgulho da palma vermelha, *Rhynchophorus ferrugineus* (Olivier) (Coleoptera: Curculionidae), Journal of Entomology and Zoology Studies; 6: 387-390.

Abdullah, M.A.R. (2009). Estudos toxicológicos e histopatológicos do óleo *de Boxus chinensis* e do precoceno II em larvas do gorgulho da palmeira vermelha, *Rhynchophorus ferrugineus(Oliver)* (Coleoptera :Curculionidae). Egito. Acad. J. biol. Sci., 2 (2): 45-54.

Abou-Elkhair S. 2001. Insectos cochonilhas (Hemiptera: Coccidae) e seus parasitóides
em plantas ornamentais em Alexandria, Egito. Entomologica 33: 185-195.

ABOZUHAIRAH, R.A., P.S. VIDYASAGAR E V.A. ABRAHAM. 1996. Gestão integrada do gorgulho da palmeira vermelha, Rhynchophorus ferrugineus, em plantações de tamareiras do Reino da Arábia Saudita. Actas do XX Congresso Internacional de Entomologia. Firenze, Itália, agosto de 1996: 541.

Abraham, V.A.; Al-Shuaib, M. A.; Falleiro, J. R.; Abozuhairah, R. A. e Vidyasagar, P. S. P. V.(1998): Uma abordagem integrada para a gestão do gorgulho da palmeira vermelha Rhynchophorus ferrugineus Oliv. Uma praga chave da tamareira no Médio Oriente. Sultan Qaboos University Journal of Scientific Research (Agricultural Science), 3: 77- 83.

Ahmed F A, Hussein, KT, Gad, MI (2015) Atividade biológica de quatro óleos vegetais, contra o gorgulho da palmeira vermelha, *Rhynchophorus ferrugineus* (Oliver), (Coleoptera: Curculionidae). Jornal de Biociências e Investigação Aplicada, 1: 213-222.

Ahmed, M. A. (2001). *Suscetibilidade de algumas variedades de tamareira à infestação de insectos da cochonilha verde.* ARC, Relatório Anual do Programa de Investigação da Palma 2000/2001.

Ahmed, M. A. (2003). Avaliação da eficácia do imidaclopride (Confidor 200SL) contra o inseto da cochonilha da tamareira verde *(Asterolecanium phoenicis* Rao.) (Homoptera: Asterolecaniidae). In *Proceedings of the international date palm conference, 16-19 de setembro de 2003.* Faculdade de Ciências Agrícolas e Veterinárias, El

Gassim, Universidade Rei Saud, K.S.A.

Ahmed, M. A. (2004). A eficácia do Confidor 200 SL contra o inseto da cochonilha da tamareira verde *(Asterolecanium phoenicis* Rao.) (Homoptera: Asterolecaniidae). In *Proceedings of second National Pest Management conference in the Sudan, 6-9 de dezembro de 2004*. Faculdade de Ciências Agrícolas, Universidade de Gazira, Sudão.

Ahmed, M. A. (2005). Recomendação de quatro insecticidas sistémicos para o controlo da cochonilha da tamareira verde *(Asterolecanium phoenicis* Rao.) (Homoptera: Asterolecaniidae), utilizando dois métodos de aplicação. In *Actas da 67ª reunião do Comité de Pragas e Doenças*. ARC Conference Hall, Wad Medani, Sudão, junho de 2002.

Ahmed, M. A. (2007). *Eficácia do clorpirifos 480 EC como inseticida de contacto contra a cochonilha da tamareira verde (Asterolecanium phoenicis Rao.) (Palmapsis phoenicis) (Homoptera: Asterolecaniidae) no Norte do Sudão*. Relatório de progresso, apresentado ao Centro de Investigação em Proteção das Plantas da Agricultural Research Corporation ARC, Sudão. novembro de 2007.

Ahmed, M. A., Oman, A. M., & Makawi, H. M. (2002). Recomendação do Confidor 200 SL (imidacloprid) para o controlo da cochonilha da tamareira verde *(Asterolecanium Phoenicis* Rao.) (Homoptera: Asterolecaniidae). In *Proceedings of 67th meeting of the Pests and Diseases Committee*, ARC Conference Hall, Wad Medani, Sudão, junho de 2002.

Al-Ayedh H, Abid H, Muhammad R *et al.* (2016) Status of insecticide resistance in field-collected populations of *Rhynchophorus ferrugineus* (Olivier) (Coleóptera: Curculionidae), International Journal of Agriculture & Biology, 18: 103-110.

Al-Azawi, A. F. (1985). Um levantamento de pragas de insectos da tamareira no Qatar. *Date Palm Journal, 4*, 247-266.

Ali, A. A. (1989). *Estudos sobre Astrolecanium phoenicis (Rao). Um inseto da cochonilha da tamareira na zona de El Golid.* Dissertação de Mestrado. Tese de Mestrado Faculdade de Agricultura, Reino Unido.

Ali, A. A., & El-Nasr, Y. E. S. (1992). Novo registo da cochonilha verde, *Asterolecanium phoenicis* Rao, em tamareiras no Sudão. *Boletim de Proteção das Plantas da FAO, 40,* 115.

Ali, A. A., & Tibin, A. B. (1992). *Ensaios de controlo químico contra térmitas e cochonilhas verdes na província de Dongola.* Reunião Anual do Comité de Pragas e Doenças, setembro de 1992. Sede da ARC, Wad Medani, Gezira Sudão.

Aljabr AM, Rizwan-Ul-Haq M, Hussain A *et al.* (2014) Estabelecimento de uma cultura de células do intestino médio de *Rhynchophorus ferrugineus* (Olivier) e avaliação da toxicidade contra dez insecticidas diferentes, In Vitro Cellular & Developmental Biology-Animal, 50:296-303.

Al-Shawaf AM, Al-Shagagh AA, Al-Bakshi MM *et al.* (2010) Toxicidade de alguns insecticidas contra o gorgulho da palmeira vermelha, *Rhynchophorus ferrugineus* (Coleoptera: Curculionidae), Indian Journal Plant Protection, 38:13-16.

Andronikashvili, M e Reichmuth, C. (2003). Repelência e toxicidade de óleos essenciais de *Ocimum gratissimum* (Lamiaceae) e *Laurus nobilis* (Lauraceae) da Geórgia contra o escaravelho da farinha vermelho-ferrugem (*Tribolium castaneum* Herbst) (Coleoptera: Tenebrionidae). Advances in Stored Product Protect, 749-762.

Avidov Z., Harpaz I. 1969. Plant Pests of Israel. Israel Univ. Press, Jerusalém. 549 pp.

Baraka, D.M. e El-Hady, A.F. (1993). Estudo comparativo dos constituintes lipídicos das sementes de quatro espécies da família Faraceae. Egito.

J. App. Sci., 8 (3): 44-49.

Barranco, P.; Pena, J.; Martin, M.M. e Cabello, T. (2000): Gama de hospedeiros de Rhynchophorus ferrugineus (Olivier, 1970) e diâmetro do hospedeiro (Coleoptera: Curculionidae). Boletin de Sanidad Vegetal Plagas, 26(1): 73-78.

BARRANCO, P., J. DE LA PEÑA E T. CABELLO. 1996. El picudo rojo de las palmeras, Rhynchophorus ferrugineus (Olivier), nueva plaga en Europa. (Coleoptera, curculionidae). Phytoma España 76: 36-40.

Barreveld, W.H. 1993 Produtos de tamareira Organização das Nações Unidas para a Alimentação e a Agricultura, Boletim de Serviços Agrícolas n.º 101, Organização das Nações Unidas para a Alimentação e a Agricultura, Roma, Itália

Barrow, S. 1998 Uma monografia de *Phoenix* L. (Palmae: Coryphoideae) *Kew Bul.* 53 513 575

Batta, Y.A. Control of rice weevil (Sitophilus oryzae L., Coleoptera:Curculionidae) with various formulations of *Metarhizium anisopliae.* Crop Prot., 2004, 23:103-108.

Barik T, Sahu B, Swain V (2008) Nanosilica-from medicine to pest control. Parasitology Research, 103:253-258.

Ben Jemâa, J. M.; Tersim, N.; e Khouja, M. L. (2011). Composição e eficácia repelente do óleo essencial de *Laurus nobilis* contra adultos do escaravelho *Lasioderma serricorne* (Coleoptera: Anobiidae). Tunisian J. Plant Protect, 6(1): 29-42.

Bennaceur, M. , Lanaud, C. , Chevalier, M.H. & Bounaga, N. 1991 Diversidade genética da tamareira *(Phoenix dactylifera* L.) da Argélia revelada por marcadores enzimáticos *Plant Breed.* 107 56 69

Boehm AK, Saunder A, Werner J *et al.* (2003) Fator de transcrição e recrutamento de polimerase, modificação e movimento em dhsp70 in vivo nos minutos que se seguem ao choque térmico. Biologia Celular

Molocular, 23:7628--7637.

Borase, H P, Sahmke, B. K., Salumkhe, R B, Patil, CD, Hallsworth, J E , Kim, BS, Patil, S. V. (2014) Extrato de planta: uma biomatriz promissora para uma síntese ecológica e controlada de nanopartículas de prata. Appl. Biochem Biotech, 173.1.

Bouda, H.; Tapondjou, L.A.; Fontem, D.A. e Gumedzoe, M.Y.D. (2001). Efeito dos óleos essenciais das folhas de *Ageratum conyzoides, Lantana camara* e *Chromolaena odorataon* na mortalidade de *Sitophilus zeamais* (Coleoptera, Curculionidae). J. Stored Prod. Res., 32 (2): 153-164.

Bouchireb, N. & Clark, M.S. 1997 The application of biotechnology to date palm culture 183 195 Watanabe K. & Pehu E. *Plant biotechnology and plant genetic resources for sustainability and productivity* R.G. Landes Co San Diego, CA

Bream, A.S.; Ghoneim, K.S.; Tanani, M.A. e Nassar, M.M. (2001). Risponsividade metabólica respiratória, durante a fase de pupa do gorgulho da palmeira vermelha, a certos excertos de plantas. Med. Fac. Landbouww. Univ. Gent. 66 (2): 491-502.

Buss E.A., Turner J.C. junho de 2006. Insectos cochonilhas e cochonilhas em plantas ornamentais. Gainesville: Instituto de Ciências Alimentares e Agrícolas da Universidade da Florida. http://ufdc.ufl.edu/l/IR00002883/00001 (janeiro de 2015).

Butera G, Ferraro C, Colazza S, Alonzo G, Quatrini P (2012) A comunidade bacteriana cultivável da frassa produzida por larvas de *Rhynchophorus ferrugineus* Olivier (Coleoptera: Curculionidae) na tamareira das Canárias. Lett Appl Microbiol 54(6):530-536

Buxton, P.A. (1918): Report on the failure of date crops in Mesopotamia in 1918. Direção Agrícola, M.F.F. Bassarah, Ball. No. 6.

Cao, B.R. & Chao, C.T. 2002 Identificação de cultivares de tamareiras na

Califórnia utilizando marcadores AFLP *HortScience* 37 966 968

Carpenter, J.B. 1981 Melhoramento da cultura tradicional de tâmaras *Date Palm J.* 1 1 16

Carpenter, J.B. & Elmer, H.S. 1978 Pests and diseases of the date palm United

Departamento de Agricultura dos Estados Unidos, Agriculture Handbook no. 527. Departamento de Agricultura dos Estados Unidos Washington DC

Carpenter, J.B. & Ream, C.L. 1976 Date palm breeding: A review *Date Growers Inst. Rep.* 53 25 33

Chowdhurry A, Alam MA, Rahman MS *et al.* (2009) Actividades antimicrobianas, antioxidantes e citotóxicas de *CitrushystrixDC.* Fruits Journal of Pharmaceutical Sciences, 8:177-180.

Corniquel, B. & Mercier, L. 1997 Identificação da tamareira *(Phoenix dactylifera* L.) por RFLP: Caracterização parcial de uma sonda de cDNA que contém uma sequência que codifica um motivo de dedo de zinco *Int. J. Plant Sci.* 158 152 156

Laboratório de Cultura de Tecidos de Tamareira 2006 Laboratório de Cultura de Tecidos de Tamareira 4 de junho

2007<http ://datepalm. uaeu. ac. ae/subpages/Laboratory. html>

Dayan FE, Cantrell CL, Duke SO (2009) Natural products in crop protection. Bioorganic & MedicinalChemistry; 17: 4022-4034.

Debnath N, Das S, Seth D *et al.* (2011) Efeito entomotóxico de nanopartículas de sílica contra *Sitophilus oryzae* (L.). Journal Pest Science, 84:99-105.

Debnath N, Mitra, S, Das S *et al.* (2012) Síntese de nanopartículas de sílica funcionalizadas à superfície e sua utilização como nanocidas entomotóxicos. Powder Technology - Lausanne, 221:252-256.

Deeba K, Prameeladevi T, Sankar G, Nprabhakaran R Nr, Shan P T (2017)

Síntese verde de nano partículas de prata pelo fungo entomopatogénico *Beauveria bassiana* e a sua bioeficácia contra o pulgão da mostarda *(Lipaphis erysimi* kal.), Indian Journal of experimental Biology, 55: 555-561.

Dembilio O, Jacas JA (2012) Bioecologia e gestão integrada do gorgulho da palmeira vermelha, *Rhynchophorus ferrugineus* (Coleoptera: Curculionidae), na região de Valência (Espanha). Hell Plant Prot J 5: 1-12

Devanand, P.S. & Chao, C.T. 2003 Variação genética entre as cultivares de tâmaras *(Phoenix dactylifera* L.) 'Medjool' e 'Deglet Noor' na Califórnia detectada por marcadores fluorescentes-AFLP *J. Hort. Sci. Biotechnol.* 78 405 409

Djerbi, M. 1991 Biotechnologie du palmier dattier *(Phoenix dactylifera* L.): Voies de propagation des clones résistants au bayoud et de haute qualité dattière *Options Méditerranéennes* 14 31 38

Dongre, T.K. e Rahalkar, G.W. (1982). Efeito do óleo de *Blumea eriantha* (Compositae) na reprodução de *Earias vittella* (F.) Experientia V.,38: 98-99.

Dowson, V.H.W. & Aten, A. 1962 Datas: Manuseamento, processamento e embalagem FAO Plant Production and Protection Series no. 13. Organização das Nações Unidas para a Alimentação e a Agricultura, Desenvolvimento Agrícola, Organização das Nações Unidas para a Alimentação e a Agricultura, Roma, Itália

ElAssar, A.M. , Krueger, R.R. , Devanand, P.S. & Chao, C.T. 2005 Análise genética de acessos de tâmaras egípcias *(Phoenix dactylifera* L.) utilizando marcadores AFLP *Genet. Res. Crop Evol.* 52 601 607

El-Bokl M.M.; Sallam A.M.; Abdallah G.A.; e Gabr B.M.; (2015). Eficácia do feromônio de agregação na armadilha do gorgulho da palma vermelha *(Rhynchophorus ferrugenious Olivier) infestado de palmeiras em Damietta, Egito.* Egypt. Acad. J. Biolog. Sci .7 (1) 51-59.

El-Garhy, M.E. (1996): Field evaluation of the aggregation pheromone of the red palm weevil, Rhynchophorus ferrugineus, in Egypt, Brighten Crop Protection Conference: Pest and Diseases, Proceeding International Conference, Brighton, Reino Unido, 18-21 de novembro, 1059-1064.

El Husseini M (2019) Eficácia do fungo Beauveria bassiana (Balsamo) Vuillemin nas larvas e adultos do gorgulho da palmeira vermelha Rhynchophorus ferrugineus Olivier (Coleoptera: Curculionidae) em condições laboratoriais, Egyptian Journal of Biological Pest Control, 29:58, https://doi.org/10.1186/s41938-019-0155-3

Elhoumaizi, M.A. , Devanand, P.S. , Fang, J. & Chao, C.T. 2006 Confirmação da tâmara "Medjool" como uma variedade landrace através da análise genética de acessos "Medjool" em Marrocos *J. Amer. Soc. Hort. Sci.* 131 403 407

El-Juhany LI (2010) Degradação das tamareiras e produção de tâmaras nos países árabes: causas e potencial de reabilitação. Jornal Australiano de Ciências Básicas e Aplicadas, 4: 3998-4010.

El-Nahhal Y, Undabeytia T, Polubesova T *et al.* (2001) Organo-clay formulations of pesticides: reduced leaching and photo degradation. Applied Clay Science, 18:309-326.

El-Sayed, F.M.A.; Etman, A.A. e Abdel-Razik, M. (1989). Eficácia dos óleos naturais na proteção de alguns produtos armazenados contra duas pragas de produtos armazenados. Bull. Fac. Agric.,Cairo Univ., 40 (2): 409-418.

El-Zoghby, I.R.M. e Naglaa F. Abdel-Hameid (2018). Criação do gorgulho da palma vermelha, Rhynchophorus ferrugineus (Olivier) em diferentes dietas naturais. 4 ª Conferência Internacional sobre Aplicações de Biotecnologia na Agricultura (ICBAA), Universidade de Benha, Moshtohor e Hurghada, 4-7 de abril de 2018, Egito

Fan LS, Muhamad R, Omar D *et al.* (2011) Propriedades insecticidas dos extractos de frutos e óleos essenciais de Piper nigrum contra Spodoptera litura. Revista Internacional de Agricultura e Biologia, 13:517-522.

FAO (2013) Base de dados estatísticos da Organização das Nações Unidas para a Alimentação e a Agricultura (FAOSTAT). Recuperado de http://faostat3.fao.org/ Acedido em 23/6/2015.

Farman-Khansaa, S. (2009): O efeito repelente do pó de muitas plantas nos escaravelhos da farinha vermelha *Tribolium castanium.* Dialy Agric. Sci. J., 1 (2): 18-24.

Finney, D.J. (1952). Probit analysis: a statistical treatment of the sigmoid response curves (Análise Probit: um tratamento estatístico das curvas de resposta sigmoide). 2ª ed. Cambridge Univ. Cambridge Univ. Press.

Organização das Nações Unidas para a Alimentação e a Agricultura 2006 2005 Estatísticas da produção mundial de tâmaras 19 Mar.

2006<http ://faostat. fao. org/fao stat/servlet/XteS ervlet3?Areas=%3E862&Ite ms=577&Elements=51&Years=2004&Format=Table&Xaxis=Years &Yaxis =Countries&Aggregate=&Calculate=&Domain=SUA&ItemTypes= Producti on. Crops.Primary&language=EN

Francardi V, Benvenuti C, Roversi PF, Rumine P, Barzanti G (2012) Entomopatogenicidade de *Beauveria bassiana* (Bals.) Vuill. e *Metarhizium anisopliae* (Metsch.) Sorokin isolados de diferentes fontes no controlo de *Rhynchophorus ferrugineus* (Olivier)

(Coleoptera Curculionidae). REDIA 95:49-55

Frik, L.P. e Nazirov, Z.N. (1981). Componentes de *Euphorbia jaxaritica.* C.F. Chem. Abst., 95 (9): 3467. Gujar, G.T. e Mehrotra, K.N. (1983). Efeito juvenilizante da azadiractina na traça noctuídea, *Sopodoptera litura* Fabr. Indian J. Exp. Biol., 21: 292-293.

Furlong, MJ, Pell, JK (2001) Transmissão horizontal de fungos entomopatogénicos pela traça-das-crucíferas. *Biol. Control, 22:288-299.*

Furr, J.R. & Armstrong, W.W. 1956 The seasonal use of water by Khadrawy date palms *Date Growers Inst. Rep.* 33 5 7

Furr, J.R. & Cook, J.A. 1952 Teor de azoto dos pinhões, frutos e sementes das tamareiras Deglet Noor e Khadrawy em função da fertilização com azoto *Date Growers Inst. Rep.* 29 13 14

Ghazavi, M, Avand-Faghih, A (2002) Isolamento de dois fungos entomopatogénicos do gorgulho da palmeira vermelha, *Rhynchophorus ferrugineus* (Olivier) (Col., Curculionidae) no Irão. Appl. Entomol. Phytopathol., 9:44-45.

Giblin-Davis, RM (2001) Borers of palms. in: Howard, F.W., Moore, D., Giblin-Davis, R.M. and Abad,bR.G. [Eds.] Insects on Palms. CABI Publishing, Walling ford, Reino Unido: 267-305.

Glare T.R., Placet, C., Nelson, T.L. and Reay, S.D. Potential of *Beauveria* and *Metarhizium* as control agents of pinhole borers (Platypus spp.), 2002: 7379.

Gothandapani S, Boopalakrishanan G, Prabhakaran N, Chethana BS, Aravindhan M, Saravanakumar M , Girija Ganeshan (2015) Avaliação de fungos entomopatogénicos contra *Alternaria porri* (Ellis) que causa a doença da mancha púrpura da cebola Arch phytopathol pfl, 2015, 48, 135.

Gonzalez-Comoma A, Guadano A, Tonn CE *et al.* (2005) AntifeedantZinsecticidal terpenes from asteraceae and labiatae species native to Argentinean semi-arid lands. Zeitschrift für Naturforschung, 60:855-861

Gotch, T. , Noack, D. & Axford, G. 2006 Feral tree invasions of desert springs Abstracts, Third International Date Palm Conference Abu Dhabi, United Arab Emirates 19-21 Feb., 2006 40 United Arab Emirates University Al-Ain, U.A.E

Gurevich, V. , Lavi, U. & Cohen, Y. 2005 Variação genética em tamareiras propagadas a partir de rebentos e cultura de tecidos *J. Amer. Soc. Hort. Sci.* 130 46 53

Hammer K, Carson C, Riley T *et al.* (2006) A review of the toxicity of Melaleuca alternifolia (tea tree) oil. Food Chem Toxicology, 44:616-625.

Howard, F.W. , Moore, D. , Giblin-Davis, R.M. & Abad, R.G. 2001 Insects on palms CABI International Wallingford, Oxon, UK

Hussain A, Rizwan-ul-Haq M, Al-Jabr AM *et al.* (2013) Gestão de populações invasoras do gorgulho vermelho da palmeira: Uma perspetiva mundial, Journal Food, Agriculture Environment, 11: 456-463.

Ihara, F., Toyama, M. e Sato, T. Patogenicidade de *Metarhizium anisopliae* para as larvas do gorgulho do castanheiro em condições laboratoriais e de campo. Appl. Entomol. Zool., 2003, 38:461-465.

Isikber, A. A.; Alma, M. H.; Kanat, M. e Karci, A. (2006). Toxicidade fumigante de óleos essenciais de *Laurus nobilis* e *Rosmarinus officinalis* contra todas as fases de vida de *Tribolium confusum. Springer link. Phytoparasitica, 34(2): 167177.*

Isman M B (2006) Botanical insecticides, deterrents, and repellents in modern agriculture and an increasingly regulated world. Revisão Anual de Entomologia, 51: 45-66.

Jaradat, A.A. 2001 Tamareira: A tree with a taste for salt *Biosalinity News* 2 5 7Jaradat, A.A. & Zaid, A. 2004 Quality traits of date palm fruits in a center of origin and center of diversity *Food Agr. Environ.* 2 208 217

Jayaseelan C, Rahuman AA, Rajakumar G, Vishnu Kirthi A, Santhoshkumar T, Marimuthu S, Bagavan A, Kamaraj C, Zahir AA, Elango G (2011) Síntese de nanopartículas de prata pediculocidas e larvicidas através do extrato de folhas da planta Tinospora cordifolia Miers. Parasitol Res 109:185-194

Jones, C. R. (1995): Insect notes from the Philippines. Philippine Agric. Rev., 6: 246-250.

Jood, S.; Kapoor, A.C. e Singh, R. (1993). Avaliação de algumas partes de plantas contra *Trogoderma granarium* Everts. Em trigo armazenado e seu efeito sobre a composição nutricional e caraterísticas organolépticas dos grãos tratados.Int. J. pest.Mang., 39(1): 93-98.

Justin, C.G.L.; Leelamathi, M.; Thangaselvabai, T. e Johnson. S.B.N. (2008): Bioecologia e gestão do gorgulho da palmeira vermelha, Rhynchophorus ferrugineus Oliv. no coco. uma revisão, Revisões Agrícolas 29: 117-124.

Kaakeh, W.; El-Ezaby, F.; Aboul-Nour, M. M. e Khamis, A. A. (2001): Criação em massa do gorgulho da palmeira vermelha, Rhynchophorus ferrugineus Olivier, em cana-de-açúcar e dietas artificiais para estudos laboratoriais: Ilustração da metodologia. Actas da Segunda Conferência Internacional sobre Tamareira, AlAin, EAU, 344-357.

Kaakeh, W. (2005): Longevidade, fecundidade e fertilidade do gorgulho da palmeira vermelha, R. ferrugineus Olivier (Coleoptera:

Curculionidae) em dietas naturais e artificiais, Emirates Journal of Agricultural Science 17: 23-33.

Kader, A.A. 1992 Postharvest biology and technology: Uma visão geral 15 20 Kader A.A. *Postharvest technology of horticultural crops* 2nd ed Publication 3311, University of California Division of Agriculture and Natural Resources Berkeley, CA

Kamel A, AL-Dosary S, Ibraham S *et al.* (2007) Degradação do acaricida abamectina, flufenoxurão e amitraz em tâmaras da Arábia Saudita. Food Chemistry, 100:1590-1593.

Karahroodi- Zahra, R.; Moharramipour, S.;Farazmand, H.; Karimzadeh-Esfahani, J. (2008). Efeito de dezoito óleos essenciais de plantas nos índices nutricionais de larvas de *Plodia interpunctella* Hubner (Lep.,Pyralidae). Entomol. J. Res. Islamic Azad Univ., Arak Branch, 1 (3): 209-219.

Karahroodi- Zahra, R.;Moharramipour, S.;Farazmand, H. e Karimzadeh-Esfahani, J. (2011). Efeito inseticida do óleo essencial de seis plantas medicinais nativas na traça da farinha indiana, *Plodia interpunctella* Hübner (Lep.: Pyralidae). Munis Entomol e Zool., 6(1): 339-345.

Karahroodi- Zahra, R.; Moharramipour, S.; Rahbarpour, A. (2009). Artigos originaisinvestigaram o efeito de repelência de alguns óleos essenciais de 17 plantas medicinais nativas em adultos *Plodia interpunctella.* American-Euras J. of Sustainable Agric., 3(2): 181-184.

Kehat, M. Threat to date palms in Israel, Jordan and the Palestinian Authorityby the red palm weevil, Rhynchophorus ferrugineus. Phytoparasitica, 1999, 27:241-242.

Khan, A, Gangapersad, G (2001) Comparação da eficácia de três fungos entomopatogénicos na gestão do gorgulho da broca da banana, *Cosmopolites sordidus* (Germar) (Coleoptera: Curculionidae). Int.

Pest Control, 2001, 43:208-213.

Kim S, Park C, Ohh M *et al.* (2003) Actividades de contacto e fumigantes de extractos de plantas aromáticas e óleos essenciais contra *Lasioderma serricorne* (Coleoptera: Anobiidae). Journal of Stored Products Research, 39: 11-19.

Kostic M, Popovic Z, Brkic D *et al.* (2008) Atividade larvicida e antifeedante de alguns compostos derivados de plantas contra Lymantria dispar L. (Lepidoptera: Lymantriidae). Bioresource Technology, 99:7897-7901.

Krueger, R.R. 2001 Date palm germplasm: Overview and utilization in USA 2 37 M.A.R. Al Afifi and A.A. Al-Badawy Proceedings, First International Conference on Date Palms. Emirados Árabes Unidos Universidade Al Ain, U.A.E

Krueger, R.R. 2007 Dinâmica nutricional da tamareira *(Phoenix dactylifera* L.) *Ata Hort* 736 177 186

Labanauskas, C.K. & Nixon, R.W. 1962 Concentrações de nutrientes em pinhas de tamareiras em relação a uma morte inexplicável de folhas em Coachella Valley, Califórnia *Date Growers Inst. Rep.* 39 14 15

Lal, M.M. (1917): Rept. Prof. Entomol: Rept. Dept., Sagr. Punjab, para o ano que terminou a 30 de junho.

LEE B. H., W. S. Choi, S. E. LEE, B. S. Park.(2001) . Toxicidade fumigante de óleos essenciais e dos seus compostos constituintes para o gorgulho do arroz, *Sitophilus oryzae* (L.). Proteção do corpo, 20: 317-320.

Lefroy, H.M. (1906): The more important insects injurious to Indian Agriculture, Govt. Press, Calcutá, Índia. Lepesme, P. (1947): Les insectes des palmiers. Paris: P. Lechevalier. 904.

Liver, R.J.A.W. (1969): Pests of the coconut palm. FAO Rept., Roma,113-117.

Loh FS, Awang RM, Omar D *et al.* (2011) Propriedades insecticidas do óleo essencial das folhas de Citrus hystrix DC contra *Spodoptera litura* fabricius. Jornal de investigação sobre plantas medicinais, 5:3739-3744.

Majumder DD, Ulrichs CI, Mewis B *et al.* (2007) Current status and future trends of nanoscaletechnology and its impact on modern computing, biology,medicine and agricultural biotechnology, Proceedings of theInternational Conference on Computing: Teoria e Aplicações, ICCTA 2007, Índia, IEEE Press, pp 563-572.

Malik MA, Manzoor M, Ali H *et al.* (2016) Avaliação de imidaclopride e fungos entomopatogénicos, *Beauveria bassiana* contra o gorgulho da palmeira vermelha *Rhynchophorus ferrugineus* (Coleoptera: Curculionidae), Journal of Entomology and Zoology Studies, 4:262-268.

Mansour SA (2008) Environmental impact of pesticides in Egypt (Impacto ambiental dos pesticidas no Egito). Revisões de Contaminação Ambiental e Toxicologia, 196: 1-51.

Mohamed Abdel-Raheem, Laila Al-Shuraym, Lamya Al-keridis.(2016) Date Palm Pests and Their Control , Lambert Academic Publishing, ISBN: (9783659974403), 76Pp. https://www.morebooks.de/store/de/book/date-palm-pests-and-their-control/isbn/978-3-659-97440-3

Mohamed Abdel-Raheem (2017) Nanotechnology and Insect Pests Control, Lambert Academic Publishing, ISBN: (978-3-330-08650-0), 156 Pp. https://www.morebooks.de/store/gb/book/nanotechnology-and-insect-pests- control/isbn/978-3-330-08650-0

Mohamed Abdel-Raheem, Sadek Salem e Ahmed Abd El- Salam (2019) Red Palm Weevil, *Rhynchophorus ferrugineus* and Their Control, Lambert Academic Publishing, ISBN: (978-620-0-23387-5), 188 Pp.

https://www. morebooks. de/gb/search?utf8=%E2%9C%93&q=978-620-0-23387-5

Mohamed Abdel-Raheem; Huda A. Alghamdi e Naglaa F. Reyad. (2020) Nano óleos essenciais contra o gorgulho da palmeira vermelha, *Rhynchophorus ferrugineus* Olivier (Coleoptera: Curculionidae), Entomological Research, 50(5): 215220. https://onlinelibrary.wiley.com/doi/epdf/10.1111/1748-5967.12428 Doi: 10.1111/1748-5967.12428

Moustafa, S.M.; Kadry, H.A.; El-Olemy, M.M. e e Bisher, M.M. (1986). Lípidos, pigmentos e saponinas de *Sansevieria cylindrica,* Bjor. Bull. Pharm. Sci., Assuit. Univ., 9 (1): 1.

Mostafa, Z.K.; El-Sherif, L.S. e Hewady, M.A.A. (1995). Efeito de certos óleos vegetais voláteis na atividade da malato desidrogenase e da enzima málica em larvas *de Pectinophora gossypiella* (Saun.) e *Earias insulana* (Boisd) (Lepidoptera: Noctuidae). J. Egypt. Ger. Soc. Zool., 17: 13-23.

Nadaf, NY, Kanase, S S (2016) Biossíntese de nanopartículas de ouro por Bacillus molisflavi e seu potencial na degradação catalítica de corantes, Arab J. Chem, Artigo no prelo.

Naji Mordi N. Al-Dosary, Shoki Al-Dobai, Jose Romeno Faleiro.(2016) Revisão sobre a gestão do gorgulho da palmeira vermelha *Rhynchophorus ferrugineus* Olivier na tamareira *Phoenix dactylifera L,* Emirates Journal of Food and Agriculture. 2016. 28(1): 34-44

Nassar, M.I. (1995). O potencial de alguns precocenos juvenóides e extractos botânicos para o controlo de *Muscina stabulans* (Fallin), Tese de

Doutoramento, Fac. Sci. Cairo University, Egito.

Nassar, M.I. e Abdullah, A.M. (2005). Avaliação do óleo *de Boxus chinensis* e do Precocene II para o controlo do gorgulho vermelho da palmeira, *Rhynchophorus ferrugineus* (Oliver) (Coleoptera-Curculionidae) e do escaravelho da palmeira *Pseudophilus testsceous* (Gahan) (Coleoptera-Cerambycidae). J. Entomol., 2(1): 1-8.

Nassar, M.M. e Abdullah, A.A. (2001). Avaliação da azadiractina para o controlo do gorgulho da palmeira vermelha *Rhynchophorus ferrugineus* (Oliver). J. Egypt. Ger. Soc. Zool. Entomol., 36: 163-173.

Nicola Francesca , Antonio Alfonzo, Gabriella Lo Verde, Luca Settanni, Milko Sinacori, Paolo Lucido e Giancarlo Moschetti. (2015) Atividade biológica de Bacillus spp. avaliada em ovos e larvas do gorgulho da palmeira vermelha Rhynchophorus ferrugineus, Ann Microbiol (2015) 65:477-485

Nisha, C, Bhawona, P, Fulekar, MH (2017) Potencial antimicrobiano de nanopartículas de prata sintetizadas em verde usando extrato de folha de sida acuta, Vano Sci. Nano Technol, 11. 111.

Nixon, R.W. 1934 Metaxenia in dates *Proc. Amer. Soc. Hort. Sci.* 32 221 226

Nixon, R.W. 1936 Metaxenia e polinizações interespecíficas em *Phoenix Proc.*

Amer. Soc. Hort. Sci. 33 21 26

Nixon, R.W. 1950 Imported cultivars of dates in the United States U.S. Department of Agriculture Circular no. 834, U.S. Department of Agriculture Washington, DC

Nixon, R.W. 1951 The date palm: "Árvore da Vida" nos desertos subtropicais *Econ.*

Bot. 5 274 301

Nixon, R.W. & Carpenter, J.B. 1978 Growing dates in the United States Department of Agriculture Bulletin no. 207, U.S. Department of Agriculture Washington, DC

Norzainih, J. J.; Harris M.N.; Nurul Wahida, O.; Salmah, Y. e Norefrina Shafinaz, M., N. (2015): Criação contínua dos gorgulhos da palma vermelha, Rhynchophorus ferrugineus (Olivier), 1970 em cana-de-açúcar em laboratório para estudos biológicos (Coleoptera: Dryophthoridae). 3ª Conferência Internacional de Ciências Químicas, Agrícolas e Médicas (CAMS-2015) 10-11 de dezembro de 2015, Singapura.

Owolabi MS, Oladimeji MO, Lajide L *et al.* (2009) Bioatividade de três óleos essenciais derivados de plantas contra os gorgulhos do milho Sitophilus zeamais (Motschulsky) e do feijão-frade Callosobruchus maculatus (Fabricius). Revista eletrónica de ambiente, agricultura e alimentação, 8:828-835

Pathipati Usha Rani, Joish Madhusudhanamurthy, Bojja Sreedhar (2014) Adsorção dinâmica de a-pineno e linalol em nanopartículas de sílica para aumentar a atividade antifeedante contra pragas agrícolas, Journal of Pest Science, 87:191-200.

Popenoe, O. 1973 The date palm Field Research Projects Miami, FL Reuther, W. & Crawford, C.L. 1945 Irrigation experiments with dates *Date Growers Inst. Rep.* 22 11 14

Praneehdevi, T, Kulanthaivel, S, Kamil, D, Borah, J L, Prathakaran, N, Srinivasa, N (2013) Biossíntese de nanopartículas de prata a partir de espécies de Trichoderma, India J. Exp. Biol., 51, 543.

Quesada-Moraga, E, Santos-Quiros, R, Valverde-Garcia, P, Santiago-Alvarez, C (2004) Virulência, transmissão horizontal e efeitos reprodutivos subletais de *Metarhizium anisopliae* (fungos anamórficos) na barata alemã (Blattodea: Blattellidae). J. Invertebr. Pathol. 87:51-58.

Rahalkar GW, Harwalkar MR, Rananavare HO, Tamhankar AJ, Shanthram K (1985) *Rhynchophorus ferrugineus* in: Pritam Singh and Moore, R.F.[Eds.] Handbook of Insect Rearing. 1:279-286.

Rechcigl JE, Rechcigl NA. (2000) Biocontrol and biotechnologicalcontrol of insects pests. CRC Press LCC, pp. 101-117.

Regnault-Roger AC, Hamraoui M, Holeman E *et al.* (1993) Efeito inseticida de óleos essenciais de plantas mediterrânicas sobre Acanthoscelides Obtectus Say (Coleoptera, Bruchidae), uma praga do feijão-miúdo (Phaseolus vulgaris L.). Jornal de Ecologia Química, 19(6):1233-1244.

Reuveni, O. 1986 Data 119 144 Monselise S.P. *CRC handbook of fruit set and development* CRC Press Boca Raton, FL

Rygg, G.L. 1975 Date development, handling, and packing in the United States Agricultural Research Service, United States Department of Agriculture Agricultural Handbook no. 482, Agricultural Research Service, U.S. Dept. of Agriculture Washington, DC

Sabbour, M.M. e M.A. Abdel-Raheem.(2014). Avaliações de isolados *de Isaria fumosorosea* contra o gorgulho da palma vermelha *Rhynchophorus ferrugineus* em condições de laboratório e de campo. Ciência Atual

Internacional, 3(3): 179-185.

https://www. academia.

edu/93842511/Evaluations_of_Isaria_fumosorosea_Iso

lates_against_the_Red_Palm_Weevil_Rhynchophorus_ferrugineus_

under_L aboratory_and_F ield_Conditions

Sabry, K. H., M. A. Abdel-Raheem e Monira M. El-Fatih . Eficácia dos fungos entomopatogénicos, *Beauveria bassiana* e *Metarhizium anisopliae*, em algumas pragas em condições laboratoriais. J. Biol. Pest control, 2011, 21(1): 33-38

Salama, H.S. and Abd-Elgawad, M. Activity of heterorhabditid nematodes at high temperature and in combination with cytoplasmic polyhedrosis virus. J. Pestic. Sci., 2002, 75:78-80.

Salama HS, Foda MS, El-Bendary MA, Abdel-Razek A (2004) Infeção do gorgulho da palmeira vermelha, *Rhynchophorus ferrugineus,* por bacilos formadores de esporos indígenas do seu habitat natural no Egito. J Pest Sci 77(1):27-32.

Saleh MRA (1992) Red palm weevil, *Rhynchophorus ferruginous* (Oliver) no primeiro registo para o Egito e, na verdade, para o continente africano lista n.º: 10634 coleção África n.º Instituto Internacional de Entomologia, 56Queen5 gate. Londres, Sw., 75 JR.UK.

Saleh, M.R.A. e Gouhar, K.A. (1993): O gorgulho da palmeira vermelha que ataca as tamareiras em áreas limitadas do Egito atualmente e como pode ser erradicado dessas áreas. Relatório do Departamento de Proteção das Plantas, Fac. of Agric. Zagazig Univ., pp. 20.

Salem S.A.; A.M.E. Abd-El Salam; Ahmed S. Reda; Abdel-Raheem, M. A. e EL-Hawary, F. M.(2017) Avaliar e avaliar o uso de alguns inseticidas de origem vegetal contra *Scritothrips citri* Moulton (*Thysanoptera, Thripidae)* na redução de distorções de frutos de laranja para exportação. BIOSCIENCE RESEARCH, 2017, 14(2):354-361. http://www.isisn.org/BR-14-2017/354- 361-14(2)2017BR-1452.pdf

Sakulk NU, Uawongyart P, Soottitantawat N *et al.* (2009) Caracterização e atividade repelente de mosquitos da nanoemulsão de óleo de citronela. International Journal of Pharmaceutics, 372: 105-111.

Sedra, M.H. , Lashermes, P. , Trouslot, P. , Combes, M. & Hamon, S. 1998 Identificação e análise da diversidade genética de cultivares de tamareira *(Phoenix dactylifera* L.) de Marrocos utilizando marcadores RAPD *Euphytica* 103 75 82

Schoonhoven, A.V. (1978). Utilização de óleos vegetais para proteger o feijão armazenado do ataque de Bruchid. J. Econ. Entomol., 71 (2): 254-256.

Shaaya, E.; Kostjukovski, M.; Eilberg, J. e Sukprakarn, C. (1997). Óleos vegetais como fumigantes e insecticidas de contacto para o controlo de insectos de produtos armazenados. J. Stored-Prod. Res., 33: 7-15.

Shankaranarayana, K.H.; Shivaramakrishnan, U.R.; Ayyar, K.S. e Sarma, P.A. (1979). Isolamento de um composto da casca do sândalo *Santhalum album* (L.) e sua atividade contra alguns insectos lepidópteros e coleópteros. J. Entomol. Res., 3 (1): 116-118.

Shaiju-Simon, Kumar, R.K e Gokulapalan, C. Ocorrência de *Beauveria* sp. no gorgulho vermelho da palmeira, *Rhynchophorus ferrugineus* (Oliv.) do coco. Insect Environ, 2003, 9:66- 67.

Shamseldean, MM (2004) Ensaios laboratoriais e aplicações no terreno de nemátodos entomopatogénicos egípcios e estrangeiros utilizados contra o gorgulho da palmeira vermelha, *Rhynchophorus ferrugineus* Oliv. *Int. J. Nematol.* 2004, 14:44-55.

Shar M, Rustamani M, Nizamani S *et al.* (2012) Red palm weevil (Rhynchophorus ferrugineus Olivier) infestation and its chemical control in Sindh province of Pakistan, African Journal Agriculture Research, 7:16661673.

Shoukry-Karima, K. (2003). Efeitos toxicológicos de extractos botânicos contra alguns insectos de produtos armazenados. Tese de Mestrado, Fac. Sci. Zagazig Univ.

Soroker, V, Blumberg, D, Haberman, A, Hamburger-Rishard, M, Reneh, S, Talebaev, S (2005) Situação atual da infestação do gorgulho da palmeira vermelha nas plantações de tamareiras em Israel. Phytoparasitica, 2005, 33:*97-106.*

Subha PK, Esther RM, Gunaseeli R, Hussain MM (2017) Síntese extracllular de nanopartículas de prata pelo fungo *Emericella nidulans* EV4 e sua aplicação. Indian J Exp Biol, 55, 262.

Sudhersan, C. & Abo El-Nil, M. 1999 Ocorrência de hermafroditismo no macho da tamareira *Palmeiras* 43 18 19 48 50

Sundaravadivelan C, Padmanabhan MN (2014) Efeito de nanopartículas de prata micossintetizadas a partir de filtrado de Trichoderma harzianum contra larvas e pupas do vetor da dengue Aedes aegypti L. Environ Sci Pollut Res 21:46244633

Swidan, M.H. (1996). Eficácia de alguns óleos vegetais na proteção das ervilhas-de-cheiro contra o ataque do gorgulho do feijão-frade, *Callosobruchus maculates* F. (Coleoptera: Bruchidae). J.Egypt. Ger. Soc. Zool., 19: 29-39.

Swingle, W.T. 1904 The date palm and its cultivation in the south-western states USDA Bureau of Plant Industry, bulletin no. 53. Departamento de Agricultura dos Estados Unidos Washington, DC

Taheya, S.M. e Al-Moagel, N.H. (1993). Agente de controlo de insectos de grãos a partir de extrato de rizoma de tumeric *(Curcuma longa* L.). J. Egypt. Ger. Soc. Zool., 12: 111-130.

Tawtsin A, Wratten SD, Scott R *et al.* (2001) Repelência de óleos voláteis de plantas contra três vectores de mosquitos. Journal Vetor Ecology, 26: 76-82.

Tayoub, G.; Odeh, A. e Ghanem, I. (2012). Composição química e toxicidade de fumigação dos óleos essenciais de *Laurus nobilis* L. e *Salvia officinalis* L. em larvas de besouro khapra *(Trogoderma granarium* Everts). Herba Polonica, 58(2): 26-37

Vandercook, C.E. , Hasegawa, S. & Maier, V.P. 1980 Dates 506 541 Nagy S. &

Shaw P.E. *Tropical and subtropical fruits: Composition, properties, and uses* AVI Publishing Company Westport, CT

Vidhyalakshmi R, Bhakyaraj R, Subhasree R.S (2009) Encapsulation the future of probiotics-A Review. Avanços na Investigação Biológica, 3: 96-103.

Wang L, Li X, Zhang G *et al.* (2007) Oil-in-waternanoemulsions for pesticide formulations. Journal Colloid Interface Science, 314:230-235.

Wattanapongsiri, A. (1966): A revision of the genera Rhynchophorus and Dynamism (Coleoptera: Curculionidae), Department of Agricultral Science Bulletin, Bangkok, Thailand, 1966, 328.

Wrigley, G. 1995 Tamareira 399 403 Smartt J. & Simmonds N.W. *Evolution of crop plants* 2nd ed Longman Group Essex, UK

Wu H, Zhang GA, Zeng S *et al.* (2009) Extração de isotiocianato de alilo do rábano (*Armoracia rusticana*) e a sua atividade inseticida fumigante em quatro pragas de produtos armazenados em arroz. Pest Management Science, 65: 10031008.

Xi Zhou Y, Li angXin H, Rahman K *et al.* (2015) *Portulaca oleracea* L.: Uma revisão da fitoquímica e dos efeitos farmacológicos. Bio Med Research International, 1-11.

Yang F, Li X, Zhu F *et al.* (2009) Caracterização estrutural de nanopartículas carregadas com óleo essencial de alho e a sua atividade inseticida contra *Tribolium castaneum* (Herbst) (Coleoptera:Tenebrionidae). Journal of Agriculture Food Chem,

57:10156-10162.

Yasur J, Usha Rani P (2015) Suscetibilidade de insectos lepidópteros a nanopartículas de prata e medição de alterações no seu crescimento, desenvolvimento e fisiologia. Chemosphere 124:92-102

Zaki, FN e Abdel-Raheem, MA (2010) Utilização de fungos entomopatogénicos e inseticida contra algumas pragas de insectos que atacam o amendoim e a beterraba sacarina. Arquivos de fitopatologia e proteção das plantas, 43(18):1819-1828.

Zaid, A. & de Wet, P.F. 2002a Climatic requirements of date palm 57 72 Zaid A. *Date palm cultivation* Food and Agriculture Organization Plant Production and Protection Paper no. 156. Organização das Nações Unidas para a Alimentação e a Agricultura Roma, Itália

Zaid, A. & de Wet, P.F. 2002b Date palm propagation 73 105 Zaid A. *Date palm cultivation* Food and Agriculture Organization Plant Production and Protection Paper no. 156. Organização das Nações Unidas para a Alimentação e a Agricultura Roma, Itália

Zaid, A. & de Wet, P.F. 2002c Pollination and bunch

gestão 145 175 Zaid A. *Cultura da tamareira* Alimentação e agricultura

Organização para a Produção e Proteção das Plantas Paper no. 156. Organização das Nações Unidas para a Alimentação e a Agricultura Roma, Itália

Zaid, A. , de Wet, P.F. , Djerbi, M. & Oihabi, A. 2002 Diseases and pests of date palm 227 281 Zaid A. *Date palm cultivation* Food and Agriculture Organization Plant Production and Protection Paper no. 156. Organização das Nações Unidas para a Alimentação e a Agricultura Roma, Itália

Zohary, D. & Hopf, M. 2000 Domestication of plants in the old world: The origin and spread of cultivated plants in West Asia, Europe, and the Nile Valley Oxford University Press Oxon, UK

Sobre os autores

Prof. Dr. Mohamed Abdel-Raheem Ali Abdel-Raheem

Professor de Controlo Biológico

Departamento de Pragas e Proteção das Plantas

Instituto de Investigação Agrícola e Biológica

Centro Nacional de Investigação.

33rd ElBohouth St., Dokki, Cairo, Egito.

Correio eletrónico: abdelraheem_nrc@hotmail.com, abdelraheem_nrc@yahoo.com

Telemóvel: (+2) 01155527583 - (+2) 01009580797

Dr. Mohamed Abdel-Raheem Ali Abdel-Raheem, Prof. de Entomologia (Controlo Biológico), Departamento de Pragas e Proteção de Plantas, Instituto de Investigação Agrícola e Biológica, Centro Nacional de Investigação, Cairo, Egito. Publicações publicadas (276) artigos (81), Livros e capítulos de livros (195), (Scopus) h-index (10), Citações (278), (Google Scholar) h-index (18) , Citações (887), (Web of Science) Publicações (9), h-index (5), Citações (50), Research Gate, h-index (14), Citações (561), Revisores em revistas internacionais (130), Artigos revistos em Controlo Biológico (700), Editor Chefe em Revista (6), Conselho Editorial em Revista (34), Editor Chefe Associado em Revista (5), Conferência Participada (27), Workshop Participado (292), Simpósio Participado (176), Fórum Participado (4), Prémio (4), Outros Participantes (30), Projectos como PI e membro (19), Cursos de Formação para Agric. Engenharia (21), Cursos de formação para estudantes universitários (8), Participação em cursos de formação para estagiários (19), TV, Rádio e Jornal (22), Orientador de tese de doutoramento

(1), Comité de tese de doutoramento (2), e membro de fundação científica (14).

Centro Nacional de Investigação. 33rd ElBohouth St., Dokki, Cairo, Egito.

Correio eletrónico

Endereço: abdelraheem_nrc@hotmail.com,

abdelraheem_nrc@yahoo.com, ma.abdel-raheem@nrc.sci.eg,

Telemóvel: (+2) 01155527583 - (+2)

01009580797

Scopus ID do autor: 55220661700

https://www. scopus.com/authid/detail.uri?authorld=55220661700

http://scholar.google.com/citations?hl=en&user=gBtssEgAAAAJ

https://orcid.org/my-orcid?orcid=0000-0001-9240-064X

https://www.webofscience.com/wos/author/searchAbdel-Raheem, Mohamed

Abdel-Raheem Ali - Coleção Principal da Web of Science

https://www. researchgate. net/profile/Mohamed_Abdel-Raheem4/publications?sorting=recentlyAdded

http://livedna.org/20.16018

http ://www. resarc herid. c o m/rid/R -6264-2017

https://www.webofscience.com/wos/author/record/R-6264-2017

TV, rádio e jornal

- https://www.youtube.com/attribution_link?a=NsH2xGv9mY8&u=%2F watch %3Fv%3Dsb46rBG8-Mc%26feature%3Dshare
- https://youtu.be/Ub8djW0tggo
- https://m. facebook.com/story. php?story_fbid=492907069288338&id=100076 011247165
- https://youtu.be/dOujUAZmTdw

  https://m. facebook.com/story.php?story_fbid=492907069288338&id= 100076

011247165

https://fb.watch/gPGrDuzZFX/

https://www.youtube.com/watch?si=4UfyQaeHVLPiVR5J&v=nXV4

NT -

no7o&feature=youtu.be

http s ://www. yo utub e.co m/watc h?v=sRH44W 6TbcQ

https://youtu. be/uq9Qj3AEBHk?si=ymaX06huG2AXJESu

http s ://www. facebook.com/s hare/v/Q g5s 6HW3hD8PLBzp/?mib

extid=xfxF 2 i https://el-yom.com/news/archives/1092767

Prof. Dr. Nada Abdulamaar Obeid

Departamento de Horticultura e Paisagismo, produção de tamareiras,

Escola Superior de Agricultura

, Universidade de Basrah, Iraque.

Correio eletrónico: drnadaalmahdy@gmail.com

Telemóvel: (+964)7801105009

Número de artigos de investigação publicados na Scopus (10) - Número de estudantes de pós-graduação supervisionados (7)

https://scholar.google.com/citations?user=KLgVt9wAA AAJ &hl=en

https://www.researchgate.net/profile/Nada-Obeid

https://publons.com/researcher/1744394/nada-alqatrani/

https://www.scopus.com/ authid/

detail.uri?authorId=5721650612 0

https://orcid.org/0000-0001-9497-9851

MIX
Papier aus verantwortungsvollen Quellen
Paper from responsible sources
FSC® C105338

Printed by Books on Demand GmbH, Norderstedt / Germany

A tamareira e as pragas de insectos

A família das tamareiras (Phoenix dactylifera L.): Arecaceae é uma das mais antigas culturas frutícolas cultivadas nas regiões áridas da Península Arábica, Norte de África e Médio Oriente. A área de origem mais provável da tamareira situa-se no atual Iraque ou perto dele, mas a cultura da tâmara espalhou-se por muitos países desde a antiguidade. As tâmaras são uma importante fonte de alimento e de rendimento para as populações locais do Médio Oriente e do Norte de África e desempenham um papel importante na economia, na sociedade e no ambiente destas regiões. Para além de servirem diretamente como fonte de alimento, as tâmaras são embaladas e processadas de várias formas, e outras partes da árvore são utilizadas para vários fins. A tamareira é uma planta diploide, perene, dióica e monocotiledónea adaptada a ambientes áridos. Tem caraterísticas biológicas e de desenvolvimento únicas que requerem técnicas especiais de propagação, cultura e gestão. Existem milhares de cultivares e selecções de tamareiras em diferentes países produtores de tâmaras. Foram utilizados diferentes sistemas de marcadores genéticos para estudar as relações genéticas entre as cultivares de tamareiras.

Dr. Mohamed Abdel-Raheem Ali Abdel-Raheem, Departamento de Pragas e Proteção das Plantas, Instituto de Investigação Agrícola e Biológica, Centro Nacional de Investigação, Cairo, Egito.
Dr. Nada Abdulameer Obeid, Departamento de Horticultura e Paisagem, produção de tamareira, Faculdade de Agricultura, Universidade de Basrah, Iraque.

9 786208 360344

EDIÇÕES
NOSSO CONHECIMENTO